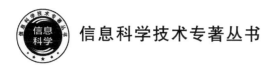

信息科学技术专著丛书

U0309735

光纤传输革新技术简述、研究与新兴应用

郑桢楠　著

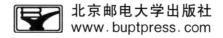

北京邮电大学出版社
www.buptpress.com

内 容 简 介

光纤通信系统的传输性能就是该系统的"生产力",光纤通信的发展则是由一项项提升传输性能的革新技术推动的。本书首先围绕这个理念,从技术演变的角度对光纤通信40多年的发展历程进行了简述。其次,本书从当前光纤通信系统解决方案入手,对提升系统传输性能的关键传输技术,包括信号调制和均衡技术、系统超级信道组成技术和光非线性补偿技术进行了研究。研究中光纤传输的数学原理、物理现象和实际特性得到一一展现。信号传输技术在不同领域往往是互通的,本书最后进行了光纤传输技术在其他领域的新兴应用研究,将光纤传输的信号调制、配置、均衡、补偿技术应用在光载微波系统之中,为分布式相参孔径雷达和天文信号光纤传输系统提供了新的光纤传输解决方案。

本书面向光纤传输研究领域的科研人员,尤其是刚踏入该领域的科研人员。

图书在版编目(CIP)数据

光纤传输革新技术简述、研究与新兴应用 / 郑桢楠著 . -- 北京:北京邮电大学出版社,2022.6
ISBN 978-7-5635-6646-4

Ⅰ.①光⋯　Ⅱ.①郑⋯　Ⅲ.①光纤传输技术—研究　Ⅳ.①TN818

中国版本图书馆 CIP 数据核字(2022)第 079845 号

策划编辑:刘纳新　姚　顺　责任编辑:王晓丹　陶　恒　封面设计:七星博纳

出版发行:北京邮电大学出版社
社　　址:北京市海淀区西土城路 10 号
邮政编码:100876
发 行 部:电话:010-62282185　传真:010-62283578
E-mail:publish@bupt.edu.cn
经　　销:各地新华书店
印　　刷:唐山玺诚印务有限公司
开　　本:787 mm×1 092 mm　1/16
印　　张:9.75
字　　数:210 千字
版　　次:2022 年 6 月第 1 版
印　　次:2022 年 6 月第 1 次印刷

ISBN 978-7-5635-6646-4　　　　　　　　　　　　　　　定价:42.00 元

· 如有印装质量问题,请与北京邮电大学出版社发行部联系 ·

前　言

　　科学研究包含了对事物由浅入深、由部分到全面的认知过程。光纤传输技术关注的科学问题是如何利用光纤这个传输介质来传递信号，以及如何改善信号的传输性能。这里的传输性能包括信号速率、传输距离和系统成本等。从1977年光纤现场测试系统首次传输成功到现在仅仅历经了40多年。这40多年来，光纤传输系统由一项项革新技术的推动而蓬勃、高速发展。从传输容量上看，光纤传输系统在近20年内以每年高达20％的速度发展，其对应的推动技术繁杂，包括调制解调技术、传输损伤抑制技术、信号处理技术、集成电路技术和组网技术等，涉及的学科包含数学、物理学、材料科学、电子科学、信息科学等。对于研究者而言，这些技术不仅种类繁多，而且更新换代很快，很多技术往往从出现到成熟再到过时仅仅经历了十几年。因此，对于光纤传输领域的科学研究者，特别是刚踏入光纤传输领域的研究人员，一本从技术原理角度出发，对光纤传输革新技术进行总结，特别是对当前光纤传输关键技术进行总结的书籍是很有用的。本书的成书意图是在展示作者在光纤传输领域研究与应用成果的同时，给读者带来对光纤传输领域由整体到局部、由浅入深的认知体验。

　　本书首先从技术演变的角度对光纤通信40多年的发展历程进行了简述；其次，展示了对提升当前传输系统性能的关键技术的研究；最后，展示了作者将光纤传输技术应用于其他领域的两个案例。全书分为7章。第1章阐述了光纤传输系统的发展概况与发展简史，根据传输系统的核心技术，发展简史被划分为信号再生时代、放大色散系统时代、相干系统时代和空分复用系统时代。第2章为当前光纤传输系统及其发展趋势。当前光纤传输技术涉及单模光纤本身的容量限制，同时传输信息量的需求也逐渐"追"上了当前网络提供的传输能力。空分复用技术虽然一直饱受争议，但是目前仍然是解决这两个问题的最优方案，该章对未来基于空分复用技术的传输系统与组网架构进行了展望。第3章为当前光纤传输的相干检测技术原理介绍，以及作者对均衡方案的研究。基于当前成熟的 DSP 技术，数字脉冲成形信号是传输系统的主流，而在信号均衡上频域均衡和时域均衡的原理相同，但实现过程中各有其特点。第4章为超级信道组成技术研究，该章介绍了超级信道架构及原理，以及作者提出的 OBM-OQAM 方案。超级信道架构本质上是光信号与电信号的转换桥梁，优秀的超级信道架构能够实现低成本和灵活的信号电光、光电转换。第5章为光纤非线性消除技术研究，介绍了各类非线性消除技术，以及作者提出的一种滤波方案和共轭对方案。光纤非线性是光纤传输领域少有的未能被完美解决的损伤问题，考虑到实际系统的 DSP 耗能，高效率、低计算复杂度的非线性消除技术成为我们追求的目标。第6章为光纤传输技应用于其他领域的两个案例,分别是光纤传输技术应用于分布式相参孔径雷达和射电望远镜天文信号光纤传输系统。对于光载微波系统,光纤传输技术能够从信息传递的角度给系统提供更强的操控能力。第 7 章为本书所做工作的总结。

写一本既有整个领域的技术概述又有细节研究的专著确实是一项艰苦的工作。本书旨在"抛砖引玉",缺点和错误之处在所难免,恳请读者不吝指正。

郑桢楠

于北京邮电大学

目　　录

第1章 绪 论

1.1 光纤传输系统的研究背景

通信,就是通过媒介进行的信息交换或传递。1966 年,高琨提出了石英单模光纤的模型,分析说明了单模光纤用于信息传输的可能性[1],并指出了降低光纤损耗的途径。1970 年,损耗为 20 dB/km 的低损耗石英光纤和在室温下可连续工作的半导体激光器问世。自此,信息得以在光纤中传播。光纤通信具有信息容量大、传输距离长等优点。近几十年来,随着光纤的不断改进,标准单模光纤损耗降至 0.2 dB/km,光纤通信得以高速发展,目前已成为各种通信网的主要传输方式。

如今,互联网庞大的数据量主要来源于高清视频业务、云计算、社交网络等服务,大部分的信息传输在光纤上完成。2016 年,全球 IP 流量为每年 1.2 ZB[2]。2021 年,全球 IP 流量增长近 2 倍,达到每年 3.3 ZB[3]。同步增长的还有移动用户数量,预计到 2023 年,全球移动用户总数将从 2018 年的 51 亿(约占总人口的 66%)增长到 57 亿,全球 70% 以上的人口将拥有移动连接。如此庞大的数据量挑战着光纤网络的承载能力。石英单模光纤能承载的数据容量由低传输损耗带宽和单位带宽所能携带的信息量决定,目前标准石英单模光纤的低传输损耗带宽约为 11 THz。基于当前的光通信器件和数字信号处理技术,可以使用波分复用(WDM,Wavelength Division Multiplexing)方法将光纤带宽资源分为多个信道,每个信道用携带信息的相互独立的载波填充,如此一来光纤的带宽资源就能得到充分利用,从而实现大容量数据传输。目前常见的大容量传输系统,特别是光纤骨干网的点对点大容量传输系统,都是用波分复用技术堆叠容量达成的。单位带宽所能携带的信息量被称为谱效率(SE,Spectral Efficiency),由每秒每赫兹的比特数〔bit/(s•Hz)〕衡量。1948 年,香农根据信息理论推导出谱效率的上界[4]:

$$SE = \log_2(1 + SNR) \tag{1.1}$$

从式(1.1)可以看出,谱效率上界由信号的信噪比(SNR,Signal-to-Noise Ratio)决定。为了应对持续增长的容量需求,需要不断提升光信号功率来保证足够的信噪比,而功率提升会导致光纤中的非线性效应(主要是克尔效应),进而对信号造成损伤;光信号功率越高,损伤越严重。因此,在给定的光纤链路中,光克尔非线性效应和信号的信噪比是一对需要权衡的配置参数,链路入纤功率越低,信号信噪比越低,克尔非线性效应越小;反之,链路入

1

纤功率越高,信号信噪比越高,克尔非线性效应越大。光克尔非线性效应为信号的最大有效信噪比引入了上限,从而限制了信号谱效率[5],此上限即为单模光纤容量的非线性香农限。通常,点对点传输系统在系统配置时需要扫描入纤功率,从而获得具有最优传输性能的入纤功率值。

早期光纤通信系统的传输容量经历了几次由关键技术突破而推动的阶跃式上升。这些突破包括低损耗单模光纤的研发、掺铒光纤放大器(EDFA)的发明以及波分复用(WDM)技术的提出。图1.1.1展示了1986年之后光纤通信系统的系统容量、单接口速率记录曲线[6]。从图中可以看出,不同时期由不同技术驱动的系统容量增长呈现出了不同的增长速率。2000年左右,波分复用技术逐渐开始广泛地应用于商业互联网。当时的系统最高具有16个通道,2.5 Gbit/s,谱效率为0.012 5 bit/(s•Hz)。波分复用系统的谱效率被定义为系统总容量C_{Sys}与系统带宽B_{Sys}的比值,对于同构波分复用系统,即每个通道信号具有相同信息速率的波分复用系统,其谱效率相当于每通道(Grid)比特率R_{Ch}与频率间隔F_{Ch}的比值:

$$SE = \frac{C_{Sys}}{B_{Sys}} = \frac{R_{Ch}}{F_{Ch}} \tag{1.2}$$

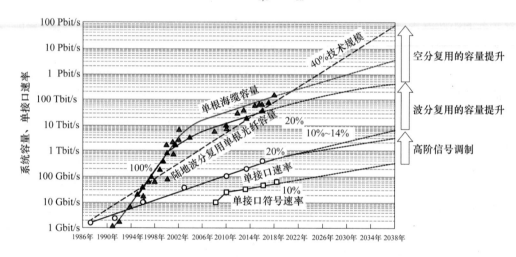

图1.1.1 光纤通信系统的系统容量、单接口速率记录曲线

1997年北电网络创造了10 Gbit/s的单波长信息速率纪录[7]。在海缆传输领域,TAT12/13跨大西洋光缆也投入了使用。每根海缆有两对光纤,使用掺铒光纤放大器(EDFA)作为中继放大,每根光纤以5 Gbit/s的单波长方式进行传输,总容量为20 Gbit/s,传输距离超过5 913 km,光缆的"容量×距离"指标为118 Tbit/s•km(1 Tbit/s=1 000 Gbit/s)[8]。考虑到光纤传输系统的谱效率越高,传输距离越短,同时,传输带宽越大,各载波功率越低,传输距离也越短,因此"容量×距离"指标能够反映一个传输系统的信息传输最优承载能力。在实验室研究方面,1996年,多家机构展示了速率为1 Tbit/s的WDM传输系统[9~11],比同时期商业产品的谱效率高10倍。

2000年后出现了基于数字信号处理(DSP,Digital Signal Processing)的相干接收技术,使高谱效率的信号技术变得现实可行。

2020 年左右,商用长距离 C+L 光波段数据传输系统可以划分出 192 个通道,单通道带宽 50 GHz,信息速率可达 250 Gbit/s,谱效率为 5 bit/(s•Hz),长距离传输的总容量可达 48 Tbit/s。在短距离应用场景下,谱效率可以继续提升至 8 bit/(s•Hz),使得单通道速率达到 400 Gbit/s,传输总容量高达 76 Tbit/s[12,13]。

截至 2021 年,建成的容量最大的海底光缆是跨太平洋海底光纤网(PLCN),每个光纤对的设计容量为 12 Tbit/s,6 个光纤对达到了 144 Tbit/s 的双向传输总容量,其"容量×距离"指标为 3 686 Pbit/s•km(1 Pbit/s=1 000 Tbit/s)。由华为海洋网络有限公司承建的 PEACE 海缆项目,采用 200 Gbit/s 波分复用技术,每个光纤对的设计容量为 16 Tbit/s。该海底光缆从巴基斯坦入海,一条通过吉布提、埃及,直达法国,另一条直达索马里、肯尼亚和南非,建成后有望成为新的容量最大的海底光缆。

实验室研究方面,最高单载波信息速率达到 1 Tbit/s[14~16],而单模光纤的 WDM 总容量最高可达 115 Tbit/s[17~19];多芯光纤的传输容量可以达到 10 Pbit/s。针对数据中心等场景的短距离、大容量系统也开始出现,短距离传输下,单模光纤的谱效率可以达到 17.3 bit/(s•Hz)[20]。在"容量×距离"的指标上,单模光纤系统最高能达到 881 Pbit/s•km[21],多芯光纤系统最高能达到 1 508 Pbit/s•km[22]。

1.2 光纤传输系统的发展历史

光纤传输系统容量的提升是由历史上的一次次技术革新不断推动的。从 1977 年光信号首次通过光纤现场测试系统传输成功,到现在 40 多年的时间里,以不同传输技术为标志,光纤传输系统的发展历程可以划分为 4 个时代:

(1) 信号再生时代;

(2) 放大色散系统时代;

(3) 相干系统时代;

(4) 空分复用系统时代。

1.2.1 信号再生时代

在信号再生时代,由于缺乏实用的光信号放大技术,光信号在每传输一个光纤跨段后只能转换为电信号进行电放大,再通过电光转换转换为光信号进行下一个跨段的传输。这种传输技术在每个跨段的信号功率损耗不仅包含光纤本身的衰减,还包含光—电—光转换的损耗,总体传输损耗大,而且其传输系统也较为简单,没有进行信号复用,系统容量取决于收发机的接口速率。

图 1.2.1 展示了单载波和波分复用系统在容量方面的商用产品和实验室研究的串行接口速率对比。其中,2007 年左右单载波接口速率记录的不连续性是由于引入了使用偏振分

复用(PDM)的相干检测技术。

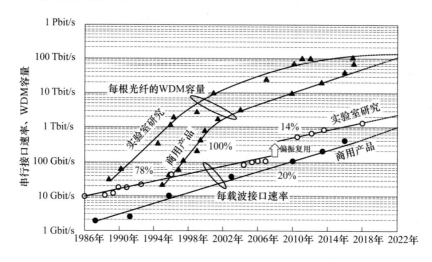

图 1.2.1　单载波和波分复用系统容量对比曲线

图 1.2.1 显示出商用产品接口速率拥有大约 20％/年(或 10 lg(1.2)＝0.8 dB/年)的改善,这种改善持续了 30 多年。相较而言,实验室研究结果一直在以较慢的速度增长,大约每年增长 14％。1989 年商用系统引进了第一个光电再生双波长 WDM 系统(每个波长速率为 1.7 Gbit/s),进一步的进展仅限于将数据速率从 1.7 Gbit/s 提高到 2.5 Gbit/s。20 世纪 80 年代末部署在大西洋(TAT8)和太平洋(TPC3)的第一个海缆光纤传输系统就是信号光电再生系统,该系统的工作波长在 1.3 μm 波段,3 对光纤中的每一对承载 0.28 Gbit/s 的速率。TAT9 和 TPC4 则是首先运行在 1.55 μm 波长的两个越洋系统,容量是 TAT8 和 TPC3 的两倍,但 TAT9 和 TPC4 仍然是信号光电再生的。

1.2.2　放大色散系统时代

在放大色散系统时代,最重要的科技进步就是掺铒光纤放大器(EDFA)的发明,EDFA 能够直接将光信号在光纤链路中放大,避免反复电光转换造成的损耗。这是波分复用系统能够产生成本效益的基础。EDFA 成功地改变了"游戏规则",成为开启这个光纤传输时代的使能技术[24,25]。虽然 EDFA 本身不是容量堆叠技术,图 1.1.1 和图 1.2.1 也展示了 EDFA 的发明本身没有实现实验室研究和商业系统的爆炸性指数级容量增长,但是,20 世纪 90 年代初期,在基于 EDFA 的大带宽系统上,出现了一些光纤非线性相关的发明技术,促使商业波分复用系统从 20 世纪 90 年代中期到 2000 年年初实现了 100％/年(3 dB/年)的快速增长。同期,实验室研究系统的规模增长速度略低于商业系统,每年增长约 78％。

在 20 世纪 90 年代早期只有两种商用光纤。第一种是工作在 1 550 nm 波长的标准单模光纤(SSMF),它的衰减值为 0.2 dB/km,可支持 2.5 Gbit/s 系统在 EDFA 放大的情况下传输 800～1 000 km,或在直接调制激光器系统中传输 100 km。标准单模光纤的色散(CD)值为 17 ps/(nm·km),由于光纤传输色散会引入与频率二次方相关的相移,所以系统符号速率扩容的色散限制以二次方缩小，即使在使用无啁啾光源的条件下，这种光纤也只能支持预期的 10 Gbit/s 速率下传输距离约 60 km 的标准单模光纤传输。由于缺乏实用的色散补偿技术，尤其是缺乏宽带色散补偿技术，所以全球大规模部署了第二种商用光纤——色散位移光纤（DSF）。色散位移光纤通过控制光纤的波导色散与材料色散，使光纤在 1.55 μm 波长的色散值约为 0，如图 1.2.2 所示。该光纤把低衰减和零色散安排在了同一个波长，以此提升传输性能。可惜，20 世纪 90 年代初人们没有广泛意识到 DSF 固有的低色散在波长间隔很近的波分复用传输场景中是致命的，他们广泛部署的 DSF 网络直到现在也较难加载 WDM 信号传输方案。上述致命性来源于四光子混合（FPM）效应，这是一种在石英玻璃中存在的非线性效应[26]，在 DSF 的低色散环境中效果显著。许多紧密间隔的波长会通过 FPM 产生新的波长，这些新波长被称为 FPM 产物。在实际的 DSF 场景下，不到 10 个信号波长能产生数百根 FPM 产物，这不仅会减少原信号的能量，更严重的是，在等间距波分复用的情况下，这些 FPM 产物恰好会落在原信号的波长上，产生同频混叠。这意味着仅有 1% 信号功率的 FPM 产物就会在信号中产生高达 1 dB 的功率波动[27]，最终导致 DSF 被时代淘汰。

美国电话电报公司贝尔实验室（AT&T Bell Laboratories）的研究人员意识到，对光纤的制造工艺进行简单的修改，就可以很容易地生产出具有低色散而非零色散的光纤，从而避免 FPM 效应。由此产生的光纤被称为真波光纤（True Wave Fiber），后来一般被标准化为非零色散光纤（NZDF）[28]。因为使用中需要的非零色散有正有负，所以真波光纤亦有色散正负之分，为了使用方便统称为非零色散光纤。

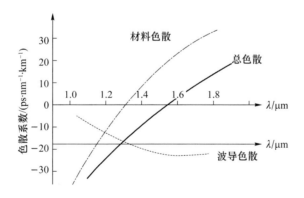

图 1.2.2　色散位移光纤的色散系数随波长变化图

色散问题引发了对色散管理（DM，Dispersion Management）技术[29]的研究，该技术将色散相反的传输光纤串联起来，从而使链路整体色散几乎为零，但链路各处拥有足以抑制 FPM 的"本地"色散。色散管理技术自 1993 年发明以来被普遍用于包括实验室研究和商业产品在内的所有高速密集波分复用系统，直到 2008 年数字相干技术的出现才从数字信号处理的角度解决了色散补偿问题。图 1.2.3 展示了一种色散管理下的光纤色散分布情况。随着传输系统容量的增加，最初的简单色散图很快就不满足 20 Gbit/s 及更高速率的更激进、更高比特率的系统需求,这导致了色散预补偿技术的产生[30]。随着系统吞吐量的增加,首先是实验室研究系统,然后是商业系统,相继出现了更复杂的色散配置,以支持更高线速下的更多波长[31]。色散管理在商业光放大传输系统的广泛引入主要集中于 3 个阶段:20 世纪 90 年代初 10 Gbit/s 线路速率阶段(2.5 Gbit/s 系统色散较小)、20 世纪 90 年代中期的色散补偿光纤(DCF)系统[32~33],以及后来的斜率匹配色散补偿光纤。色散补偿光纤具有比非零色散光纤高得多的负色散,可以与 EDFA 一起被封装为线缆,从而避免在线路系统中部署两种不同类型的传输光纤。在海缆系统中则继续使用正负色散传输光纤的串联,而不是用 DCF 做色散补偿。直到相干接收系统出现,海缆开始转为无色散补偿的链路设计。就 20 世纪 90 年代中期新兴的光交换网络领域而言,色散管理技术增加了额外的复杂性,因为最佳色散图本身并没有在整个网络的所有交换节点上提供色散补偿信号,因此交换节点通常需要在每个波长的分插端口处接上额外色散补偿光纤(在网状网络中甚至用上可调谐的色散补偿器),这导致了相关成本、复杂性和额外插入损耗的提高,影响了系统链路的成本、信噪比预算。在放大色散系统时代,网络的灵活性和传输性能开始要求在系统设计方面对各参数进行不同的权衡。

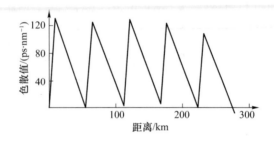

图 1.2.3　色散管理下的光纤色散分布样例

光纤本身是个信道环境很复杂的材料,还有其他效应会降低系统性能,虽然它们没有色散和光非线性的影响那么严重。其中之一是偏振模色散(PMD),指的是光纤传输中随机变化的光学双折射导致携带光信号的两个偏振之间出现不可预测的相对延迟。对于单偏振的直接检测接收系统,在接收信号效果上表现为脉冲展宽,从而引入码间串扰(ISI)。由于 1992 年之前生产的光纤中的 PMD 值相对较高,偏振模色散在高比特率下会变得更加严重,所以这成为系统比特率扩容遇到的棘手问题。问题棘手的原因在于偏振模色散的统计性质是会缓慢变化的[34~37],这导致偏振模色散会引起系统以低概率发生中断。例如,电信系统典型的“五个九”可靠性对应于 10^{-5} 的允许中断概率,即每年 5 分钟的中断。系统设计必须确保偏振模色散引起的中断概率低于指定的概率,并且系统验证和测试必须依赖于理论建立的[34]和实际改进的[37]统计模型的有效性。一种被叫作“旋转(spinning)”的技术会在光纤拉制过程中对光纤进行扭转[38],扭转使光纤在足够短的距离内引入了双折射,这个发明有效推迟了传输收发机对于 PMD 补偿功能的需求。随着 40 Gbit/s 线路速率系统的推出,设备供应商才开发了具有光学 PMD 补偿(PMDC)的收发器包。然而,由于 PMD 的随机效应仅在有限带宽内相关[38]，WDM 系统中的每个波长都需要自己的 PMDC。由于包含 PMDC 的电路板比传统收发器更昂贵且更大，因此商业系统不太情愿使用 PMDC。在光纤数量较大的光缆中，选择具有足够低 PMD 的光纤更容易且成本更低。到了下一代比特率为 100 Gbit/s 的系统中，相干接收和数字信号处理出现了，基于数字信号处理的相干接收不仅能补偿链路色散，还能有效补偿 PMD。

在增加每波长接口速率的同时，用越来越多的信号波长来填充系统可用的 EDFA 带宽是最初提升波分复用容量的方法。EDFA 本身的增益/饱和特性随波长的变化而变化，并且这些变化在多跨段传输系统中是复杂的。在 20 世纪 90 年代初期，由于没有实用的增益平坦滤波技术，宽带波分复用系统的传输距离受到了限制。1992 年出现光预增强技术[39~40]，该技术通过预先设定波分复用系统中各输入波长的发射功率，使链路输出处所有信号的光信噪比（OSNR）达到相等，有效地扩展了波分复用系统的范围和信道数。尽管目前光滤波技术已经可以在线完成增益均衡匹配，许多海缆系统中仍然使用光预增强技术。

20 世纪 90 年代初期光放大波分复用系统出现了两种非常实用的实验技术，能够有效简化大规模波分复用系统的实验、设计和开发的研究流程，这两种技术分别是使用单个外调制器的多波长调制技术[29,41]和光环路传输技术[42]。这两种技术解决了早期波分复用实验经济成本上的障碍，即设备的大量重复。就波分复用发射机而言，通过大量设备堆叠完成的最后一次大规模系统实验是在一个涉及 100 个分布式反馈（DFB）激光器的演示系统上进行的，其中每个激光器被直接调制上了 622 Mbit/s 的信号[43]。当系统的比特率提高到 10 Gbit/s 并且信道间隔减少到小于 200 GHz 时，由于 20 世纪 90 年代初的 DFB 激光器波长不稳定，直接调制不再可行；并且为每个波长配备自己的外部铌酸锂调制器、驱动器和模式发生器在当时是不现实的。一种新的实验技术将所有波长注入了单个调制器，完成了单个数据信号在所有波长上的调制和波分复用，然后通过一个色散元件，将各个波长信道延时去相关，使各个波长信号可以被认为变成了"不同"的信号。当系统单波长的速率为 10 Gbit/s 时，一小段标准单模光纤的色散已经能够提供足够的去相关延时。但是在更高的比特率下，必须要在去相关步骤中引入显著的色散脉冲展宽，或者基于大多数线性串扰或非线性交互作用会发生在相邻信道之间的假设，将波长通道分成"奇数"和"偶数"组，每组使用单独的调制器和数据源。或者如图 1.2.4 所示，可以由单个调制器对所有信号进行联合调制，之后通过陡峭的解交织器或移频调制技术将信号分成"奇数"和"偶数"组[44]。这些技术节省的设备使在实验室中进行大规模波分复用实验成为可能。另一种更简单的技术适用于高谱效率、色散不受管理的相干系统。该技术使用空载 EDFA 的放大自发辐射（ASE）噪声，这种噪声具有的高斯光场统计特性使它能够模拟密集波分复用的信道群[12,45]。

由于研究海缆和长途陆地传输系统的实验会受到可用的光纤长度、EDFA 数量和其他系统组件数量的限制，研究者们开始使用循环回路的实验架构进行链路模拟[42]。环路设置如图 1.2.4 所示，通过光开关将信号导入一个典型的数百千米长的光纤环路，比如图中为 75.1 km＋79.6 km＋83.2 km 的 3 个传输跨段,数据流的长度不能长于组成环路的光纤。通过通断光开关,能够控制信号流,使其在环路内保持循环。最后通过在与要模拟的所需系统长度相对应的整数倍循环后分接信号来测量传输系统误码率(BER)。通过不断地改进环路设计能够更准确地反映直线型的长距离传输链路条件,同时也消除了对光环路传输的测量有效性的顾虑[46~49]。尽管环路模拟存在缺点,但在实际中几乎没有其他方法来模拟长距离系统实验,除非借助于成本极高并且只适合于产品验证试验的全长度系统试验台。有趣的是,目前在全球大多数光纤传输系统实验室中都可以找到光环路传输设备。

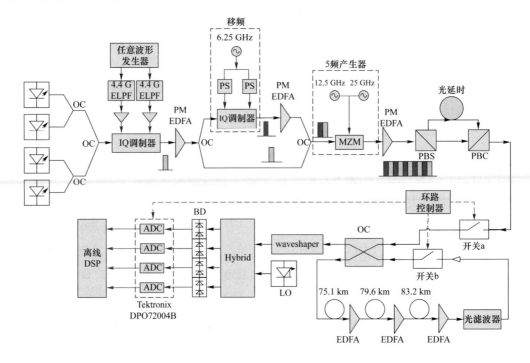

图 1.2.4　一个 40 波的波分复用光环路模拟传输实验架构

1996 年,Ciena 公司发布了第一个商用地面波分复用系统产品,它包括 16 个波长,在 100 GHz 网格上每个波长能够承载 2.5 Gbit/s 信号[50]。首先采用 EDFA 的海缆系统是 TAT12/13 和 TPC5,于 1995 年部署,每根光纤只有一个 5 Gbit/s 波长(每根光缆 2 对光纤)[8]。从那时起,商业洲际海缆系统的光缆容量(以总双向容量表示,通常在 8 对光纤上)的演变一直略微领先于商业陆地系统的每根光纤容量的演变,如图 1.1.1 所示,从 2000 年开始,海缆系统的容量普遍高于陆地系统容量。光学放大海缆系统虽然在性质上与陆地系统相似,但通常与陆地系统的设计大不相同[51~53]。这两种系统之间的主要区别在于总传输距离。最初,海缆系统大约比陆地系统长一个数量级,尽管随着跨大陆规模的陆地系统的部署,这一比例已经降低。噪声性能相同时海缆系统中的 EDFA 间距(35~50 km)必须比地面放大器间距(80~100 km)小得多。随着时间的推移和海缆系统中各种组成技术的改进,海缆系统中的放大器间距逐渐增加到 70 km 以上。另外,海缆系统不像陆地系统那样受地理限制的影响,可以严格按照固定间隔放置放大器,这就允许沿整个路线部署"相同"的放大跨度,从而允许针对特定系统统一精确定制放大器特性。在陆地系统中情况相反,EDFA 必须在混合光纤基础设施上的各种跨度条件下运行。此外,由于每条新的海缆都是一次性部署系统,部署时设计人员都可以进行系统优化,而且,由于海缆系统的终端数量与安装在现有光纤基础设施上的地面系统相比要少得多,加上经济收益大,所以只要收发技术能够有效提高系统性能,海缆系统在运行和部署中可以忽视经济成本直接考虑使用。在色散管理方面,海缆系统与陆地系统有所不同。如前文所述,商业地面系统不对 2.5 Gbit/s 速率链路进行色散管理,仅在 10 Gbit/s 系统和可封装在 EDFA 中的宽带系统中使用基于色散补偿光纤的色散管理。实际操作中,在每个 EDFA 处使用色散补偿光纤会额外增加系统的总长度,色散补偿光纤的插损需要额外的放大倍数来补偿,这会增加累积的系统噪声。海缆系统使用正负色散光纤对传输来避免这个问题,直接检测的海缆系统中的典型光纤组合方案是使用负色散非零色散光纤和标准单模光纤。海缆系统和陆地系统之间的另一个主要区别是它们的供电方式。在地面系统中,中继放大的电源是由本地提供的。在海缆系统中,所有水下设备由地面的一对高压直流源(例如一对 $+15\,\mathrm{kV}$ 和 $-15\,\mathrm{kV}$ 的电压源)通过电缆远距离供电[54]。这种限制导致人们意识到海缆系统可能处于基本传输观念转变的边缘[55~57]:放弃传统的通过优化入纤功率达到非线性抑制和最低噪声系数来追求尽可能高的信号速率,反而去使用更多的链路(更多的光纤对)、更低的信号功率去显著降低每比特的整体系统成本(这样系统的非线性也低),以及去使用更节能的光放大器,避免使用耗散光能的增益平坦滤波器,即使这会导致链路具有更高的噪声系数和更低的带宽。

光孤子(简称孤子)是一种特殊形式的超短脉冲,是一种在传播过程中形状、幅度和速度都维持不变的脉冲信号。从光纤中对孤子的预测[58]和第一次观察[59]来看,孤子的研究一直是一个有趣的物理学领域[60],有趣是因为孤子在传输时光纤的色散和非线性系数之间的平衡使得孤子脉冲的持续时间和功率能够保持不变[26]。更重要的是,孤子最初是唯一能够在跨洋距离上进行高速信息传输的光纤传输方式[61]。然而,现实系统中的非理想情况,比如光纤损耗、放大器噪声、(非平坦)光纤色散和波分复用非线性等暴露了孤子的脆弱性,尽管许多科学家和工程师在光孤子传输的研究中做了很多努力,光孤子系统与更传统的调制/传输相比还是越来越缺乏竞争力。孤子与噪声或其他孤子相互作用会造成孤子中心频率产生变化。再加上光纤色散的影响,会导致接收机的脉冲到达时间出现抖动。孤子与噪声相互作用产生随机到达时间的效应被称为 Gordon-Haus 效应[62],这种效应理论上可以通过在每个放大器后加窄带滤波器来降低,但在实际操作密集的波分复用系统过程中,每个波长通道是周期性紧密排布的,增加滤波器的方案无法实现。一种"滑动引导"过滤器的概念曾经被提出来解决这个问题[63],然而,多通道波分复用长距离系统所需的数百个滤波器的集合使这种方案变得成本很高。带放大的波分复用系统中的孤子-孤子碰撞也会产生问题。由于"完整"孤子-孤子碰撞的后半段影响能消除前半段的影响,在光纤无损耗且整个波分复用波段的色散恒定的理想情况下,孤子-孤子碰撞的影响即使不是零也可以很微弱。

然而,如果碰撞发生在光功率显著变化的传输长度内(例如考虑光纤的损耗),则碰撞效应消除是不完整的。如果部分碰撞发生在功率突然变化 20～30 dB 的光放大器中,这种劣化会特别严重,导致脉冲到达时间偏移过大。1996 年的一项研究结果表明,在基于不归零(NRZ)的系统实验中使用了色散管理后,孤子系统中的时间抖动会减少[64]。由此产生的"色散管理孤子"就不是真正的静止孤子了(静止孤子的形状在非线性脉冲传播期间保持不变),而变成只是周期性静止(形状在色散图的每个周期后恢复)的孤子。在后来的"孤子"实验中,脉冲甚至不是周期性静止的,而是倾向于模仿啁啾归零(CRZ)线性脉冲[65]。不过实际上,有文章[66]指出 CRZ 的表达式和色散管理孤子的表达式是相同的。由于商用 40 Gbit/s 差分相移键控(DPSK)系统[67]和更高谱效率的差分正交相移键控(DQPSK)领域的引入,孤子传输的"丧钟"时刻出现在 21 世纪初进行的 100 Gbit/s[68]的实验中。这种高比特率和谱效率是孤子传输无法达到的。此外,传输系统是有理论最优脉冲的,在脉冲形状的选择上,光通信和无线通信都常选用奈奎斯特脉冲,它是一种根号升余弦脉冲,而孤子在本质上是一种归零(RZ)脉冲格式,脉冲宽度比符号周期小许多,永远无法在追求高谱效率的进程中幸存下来。随着数字通信时代的到来,产生奈奎斯特脉冲的技术逐渐成熟,光孤子系统也逐渐退出了历史舞台,最晚的大规模孤子传输系统试验出现在 2003 年[69]。关于孤子的综合信息可以在文献[26,61,70]和其中的参考文献中找到。尽管孤子没有产生持久的商业影响,但围绕它发展起来的许多物理概念一直流传至今,并为光纤通信其他领域带来了重要成果。其中可能最具影响力的例子是非线性干扰噪声(NLIN)的时域理论,其"脉冲碰撞"的图像大量借鉴了孤子理论[71]。另一个重要性尚不明显的例子是非线性傅里叶变换(NLFT),该变换将信号分解为孤子基以实现数字非线性补偿[72]。

与波分复用系统相结合的一个重要领域是通过光网络和带宽管理提高传输容量的利用效率。实际上,20 世纪 90 年代中期波分复用系统提供的容量大大超过了电交换和路由器的容量,使它们允许将多个电信号聚合到单一光纤上,以通过同步光网络(SONET)和同步数字体系(SDH)进行高效传输。1997 年,最高容量的思科 IP 路由器的总容量为 10 Gbit/s,其中每个路由器刀片支持 2.5 Gbit/s,而同时期的波分复用系统可以承载高达 40 Gbit/s 的总流量[73]。直接在光层中管理 40 Gbit/s 流量的带宽是一个有吸引力的方式,因为减少光信号路径中不必要的高速率电设备能够有效降低系统复杂度和成本。

在光域中聚合、分解和交换数据路径的功能,被称为光分插复用(OADM,Optical Add-Drop Multiplexing),最初它的实现结构只不过是一组光解复用和再复用滤波器,中间再加一个光纤接线板,在 20 多年前它主要支持环形拓扑上的波长复用。然而,对光路重新配置的需求已经是一个研究热门了,在 20 世纪 90 年代后期已经出现了对各种光开关甚至早期波长选择开关(WSS)的研究[74]。在 21 世纪初期,实际光网络中开始部署越来越复杂和自动化的可重构光分插复用器(ROADM)节点,这些节点开始使用具有不同分辨率的频率网格(grid),例如朗讯科技 LambdaXtreme 的非对称交织器架构就允许使用最大系统容量为 10 Gbit/s 或 40 Gbit/s 的直接检测波长交换网格[75]。再往后就是高灵活性的全光交换的广泛商业铺展,这已经是相干系统时代的事情了。

1996 年是世界大容量波分复用研究的里程碑年,多个独立的研究组突破了 1 Tbit/s 的容量壁垒[76~78],研究界开始确信光纤传输系统容量确实可以实现持续的指数级进步。1997 年,商业波分复用系统支持 2.5 Gbit/s 信号的 16 波长复用,总容量达到 40 Gbit/s,同时期的实验室记录是它的 25~50 倍,对应图 1.2.1 所示的 6 年的实验室研究-商用产品滞后时间。总的来说,从图 1.2.1 可以看出,实验室研究和商用产品之间的时间间隔一直在 4 到 8 年之间。到 1999 年,商用 WDM 系统已经可以以 2.5 Gbit/s 的单载波信号速率复用 80 个波长,或以 10 Gbit/s 的速率复用 40 个波长,从而使波分复用系统的整体容量达到 400 Gbit/s。有趣的是,到了 2016 年最先进的商用收发机甚至可以在单个波长上承载这种复用容量[12]。与将过去的系统总容量转变为单通道接口速率需要 17 年时间类似,从 1996 年波分复用系统的 1 Tbit/s 容量记录到首次出现系统单个信道上也传输这么大的容量,也需要 19 年[14]。到 2001 年,实验室研究记录已经突破了 10 Tbit/s 的障碍[79,80]。然而,从这个时间点开始,实验室的单光纤容量增长率明显下降,这种下降在接下来的十年中继续保持。波分复用容量的增长率开始从 3 dB/年放缓至 1 dB/年以下。从最初 10 Tbit/s 的实验室记录到相同容量的商用产品隔了将近 10 年的时间,而仅仅将 10 Tbit/s 的实验室记录增加到 25 Tbit/s 就用了 6 年时间[81]。

放缓的原因如下。一个原因是光通信系统带宽已达到实际单波段光放大器波段的最大可能范围。另一个原因是单通道的信号带宽已经达到了对应光学组件的频率分辨率。例如,40 Gbit/s 矩形波 NRZ 格式占用了 80 GHz 光带宽,超过了 21 世纪初商用的 25~50 GHz 光滤波器带宽。这使得增加波分复用容量不再依靠在设备工程上实现更密集的信道间隔(比如使用更好的稳频激光器、光电产生更高速度的信号、提高滤光器的频率选择性等),而是通过研发更复杂、更节省带宽的调制技术,以实现更高的谱效率。随着光纤传输系统设计从以物理和设备为主导的学科向通信工程学科的转变,高级调制格式、前向纠错(FEC)编码、数字信号处理(DSP)以及最终的数字相干检测等方面正成为波分复用容量扩展的前沿领域。下一个时代,即相干系统时代的目标是将谱效率增加到超过由简单二进制格式提供的最多 1 bit/(s·Hz) 的固有谱效率。谱效率 1 bit/(s·Hz) 最常见的是不归零的开关键控 NRZ-OOK,即有光表示 1,无光表示 0。在 2000 年至 2008 年间,高速光放大光纤通信研究的“高级调制格式”中最成功的是差分编码相位调制格式[82],包括二进制差分相移键控(DPSK)和四进制差分正交相移键控(DQPSK)[83]。它们都提供了比 NRZ-OOK 更好的接收机灵敏度,这在 21 世纪初期能够有效缓解 40 Gbit/s 系统相对于 10 Gbit/s 系统所承受的传输距离降低的情况。DQPSK 与 NRZ-OOK 相比,还具有更高的谱效率。DQPSK 的发射机对数据进行差分编码,接收机则使用带有平衡光电二极管(BPD)的光学延时干涉仪,将相位差转换为强度调制[82,83]。DPSK 接收机和 DQPSK 接收机的相对简单性是使这些调制格式在 2007 年左右成为“英雄”实验(所谓“英雄”实验指的是单纯为了冲传输纪录而做的实验)的首选方法的原因之一。DPSK 和 DQPSK 在此期间也开始商业化,出现了 40 Gbit/s

的 DPSK 系统[67]。2007 年，某实验室使用 DQPSK 达到了 25 Tbit/s 的波分复用容量记录[81]，这应该是直接使用误码仪检测的最后一个实验室容量记录。后续出现的相干检测系统和数字信号处理检测技术，直接开启了波分复用系统发展的第 3 个主要时代。

1.2.3　相干系统时代

其实在 20 世纪 80 年代就有对相干接收机的广泛研究[84,85]，相干接收机具有的更高灵敏度允许当时的逐跨再生系统具有更长的再生器间距。但由于难以解决模拟信号的频相锁定问题，当时相干接收机没有在商用光纤系统中应用。EDFA 在 90 年代初期的巨大成功使得逐跨再生系统被淘汰，大部分相干接收机的研究工作被搁置，Derr 的一组论文[86,87]成为前 EDFA 时代的模拟相干接收机和后来全数字相干接收机之间仅有的联系。文中在相干光接收机中引入了数字频相锁定的概念，尽管 20 世纪 90 年代初这个技术已经成为时代的牺牲品，并且在之后大约 15 年的时间里基本上没有人注意到它。21 世纪初 CMOS 集成模数转换器（ADC）和数模转换器（DAC）的处理速度追上了 10 Gbit/s 的通信速率，使得在光收发机中使用数字信号处理能够获得更高的谱效率，并能解决困扰 40 Gbit/s 系统的色散和偏振模色散问题。2004 年商用系统最高信号速率为 10 Gbit/s[88]，2005 年出现了对色散数字预补偿的研究[89,90]。数字相干接收机结合了模拟零差检测（电接收器带宽理论最小）的优点和模拟外差检测的简单性（不需要模拟光锁相），被称为内差（intradyne）接收机。使用独立运行的本地振荡器（LO）激光器，就能将信号粗略地拍到基带并转换为信息完整的电信号，对应电磁波等效基带模型的实部和虚部，也称为同相（I）和正交（Q）分量。对光纤全光场的数字重建使正交调制（I/Q）和偏振复用（PDM）能够将谱效率提高 $2 \times 2 = 4$ 倍，从而使 40 Gbit/s 接收器能够基于 10 Gbit/s 电组件实现，与 CMOS 电子设备的功能参数兼容。以数字形式重建全光场也开启了对色散、偏振模色散、光滤波效果甚至光纤非线性失真的自适应数字补偿的可能性，这种可能性早已在 2001 年对光学相干断层扫描（OCT）的研究中得到应用[91]；同样，为电信应用开发的集成数字相干接收机在 2016 年被用于展示先进的 OCT 功能[92]。这些协同合作的例子也深刻说明了跨学科光学研究的交叉潜力。

数字相干接收机的显著优势是以不可忽略的额外接收机复杂度为代价的，包括需要在接收机处使用本地激光器，以及需要基于商业应用的专用集成电路（ASIC）的强大的（且耗电的）数字信号处理（DSP）技术。然而，由于所有相干收发机基本建立在相同的基本光电前端架构上，与直接检测 DPSK 和 DQPSK 等其他高级格式所需的特定架构相反，所以这种架构的改变会增加早期的传输系统更新换代时对相干接收机组件的大量投资。

早期已经有若干个实验室开始了相干检测研究，目标是使用约 10 Gbaud 的偏振复用 QPSK 构建 40 Gbit/s 转发器[93~99]。2008 年首次出现了 40 Gbit/s 信号速率的内差收发机的商业应用[90~100]，紧随其后的是 2009 年基于 28 Gbaud 符号速率的商用 100 Gbit/s 单波长收发机[101]。2010 年 100 Gbit/s 以太网（100GbE）实现了标准化，100 Gbit/s 技术的推广非常迅速，从 2010 年的不到 10 次商业应用很快发展到 2014 年的全球约 600 次应用，其中大部分应用是长距离网络。100 Gbit/s 网络的城域网广泛部署略微落后于长距离网络部署；到了现在，城域网的大部分收发机已经是数字相干收发机了，而短距离（约 100 km）数据中心互联（DCI）系统在未来也可能最终会采用数字相干技术，即使基于直接检测和自相干的更简单的解决方案目前仍然是这个领域的技术主流[102~105]。

依靠 DSP 中使用的数字滤波器，数字相干收发机几乎能够无损补偿跨洋级别的光纤色散。此外，与电预补偿直接检测相比[89,106]，高速相干收发机能够直接处理具有高光纤色散的色散未补偿链路信号[107~110]。新部署的相干光链路中不再应用色散管理，收发机的这种对色散的"纵容"使得现代光纤具有比标准单模光纤更大的色散系数〔大约 20 ps/(km·nm)〕，此外，现代光纤在损耗和抑制非线性失真方面则获得了进一步的改善，其中损耗系数降低为0.14 dB/km[111~113]。

数字相干检测的引入也对网络规划产生了重大影响：使用色散管理的直接检测系统需要利用具有高计算强度的分步式傅里叶变换模拟来进行复杂的信道建模，以合理、准确地预测系统性能。准确的系统性能预测非常重要，因为系统规划工具产生的每 dB 预测误差都会导致额外系统余量对应增加 1 dB。非色散管理相干链路一般使用简单的信道解析和半解析描述，通过等效的加性高斯噪声源替换非线性失真来达到较准确地系统建模[114~117]，由此产生了基于频域分析的高斯噪声（GN）模型和增强型高斯噪声（EGN）模型，以及基于时域方法的非线性干扰噪声（NLIN）分析[118]。这些用于动态网络管理和优化的简单模型有利于基于软件定义网络（SDN）的自动化系统的构建。从第一个光纤传输系统问世以来，系统使用的光纤种类从早期的多模光纤到标准单模光纤、色散位移光纤，再到非零色散光纤，然后又回到了相干系统的高色散光纤，这种光纤种类的演进很好地反映了光纤类型和收发机设计之间的相互作用。随着新的收发机功能的出现，新光纤正逐渐在世界各地被不断部署，运营商同时也需要考虑后向兼容性，这是由于在地面环境中铺设新光纤时劳动力成本通常是最大的支出，高于与系统部署相关的其他成本，同时，运营商会尽可能考虑在未来升级的系统中仍然使用已经部署的光纤。截至 2020 年，全球光纤部署总量已超过 40 亿千米，首尾相连加起来能绕地球约十万次。自 2000 年以来，由于光纤到户（FTTH）和数据中心建设等短距离应用的驱动，全球部署的光纤数量以每年约 15% 的速度增长，比如，单个大型数据中心就会有多达 50 000 km 的光纤[119]。

从实验的角度来看，前向纠错（FEC）和 DSP 等先进的通信工程技术终结了实验室中用误码仪直接计算接收信号误码的传统：在使用 FEC 之前，误码率（BER）的测量水平通常要低至 10^{-10} 或 10^{-11} 以识别 BER 底线，从使用硬判决 FEC 开始，BER 仅需要测量到"FEC 阈值"，即 FEC 解码器能够可靠纠错的最低输入端 BER。一般 FEC 阈值在 $10^{-2} \sim 10^{-5}$ 之间。对于硬判决 FEC 来说，使用输入端 BER 作为一个系统的性能指标是很科学的，因为只要错误属于统计学意义上的独立事件（实际应用中由大规模比特交织保证），FEC 就能正常地进行全部误码纠错。对于软判决 FEC，FEC 前的输入端 BER 可能无法真正代表系统性能[120]，这是因为软判决 FEC 基于信号来满足高斯分布的假设，而此时的信号不一定能够满足这个要求,输出性能就会降低,这时就必须用信息理论中的其他指标代替,例如文献[121～123]使用归一化的广义互信息(NGMI)作为输入 FEC 前的信号指标成功匹配了 FEC 解码效果。此外,在实验研究中,数字相干接收机所需的大量 DSP 可能会导致无法实现实时高速实验。取而代之的是,使用实时示波器对相干接收信号进行数字采样,并对样本组成的块结构进行数字化和存储,如今这种仪器的采样率能够高达 256 GSamples/s。示波器捕获的数据可以在计算机上离线处理,并使用 ASIC 上也可实现的 DSP 算法解调信号。由此计算的性能指标仅是捕获的实际光信号中相对较短的一部分,必须对信号进行仔细地反复论证以避免实验陷阱。例如,来自雷击[124]的瞬态效应很难出现在随机捕获的信号内,离线处理很难对此效应进行研究。具有完整 FEC 的真正的实时 DSP 通常只在实际产品测试时搭建[12,100],或者用基于速率低于相干 ASIC 的现场可编程门阵列(FPGA)演示[97],或者使用多个并行 FPGA 的复杂结构来实现高线路速率[125]。

相干收发机固有的正交维度和偏振维度的四倍扩容使符号速率下降为直接检测二进制结构的四分之一。这对于在 2008 年左右实现的商用相干系统至关重要,基于 CMOS 技术的 10 Gbit/s 和 28 Gbit/s 通道和高速分立电器件,使用相干接收技术后接口速率能够快速增加到 100 Gbit/s 以上。2009 年出现了 50 Gbaud 16 进制正交幅度调制(16-QAM)系统,通过每个正交分量上的 4 电平调制,比特率增加 2 倍,净速率达到 400 Gbit/s[126]。到 2013 年,出现了 107 Gbaud 的相干系统[127],其符号速率等于 2005 年直接检测系统尝试过的最高符号速率[128];到 2015 年,一个使用 64-QAM 格式的系统打破了单载波 Tbit/s 级别的壁垒[14],意味着经过 19 年的研究和发展,相干系统的单个激光器就可以承载 1996 年的整个波分复用波段的全部信息。尽管单接口速率研究的这一进展令人印象深刻,但如果不考虑偏振复用取得的接口速率翻倍,那么它仅相当于每年 14% 的系统支持速率增长,这种增长是通过使用高阶的 QAM 信号为每个符号编码更多信息来实现的[129]。高阶型号调制降低了信号星座点之间的欧氏距离,本质上是以传输距离缩短为代价的,这限制了此类高速接口在长距离网络中的适用性。需要注意的是,在这种情况下,收发机的传输距离主要由其调制格式决定,而与其符号速率无关,即理论上 10 个并行 100 Gbit/s QPSK 收发机与 1 个 1 Tbit/s QPSK 收发机的可传输距离一致。不同符号速率导致的性能差异不会太大,这种性能差异会源于一些基本的光效应,例如光纤非线性效应略有利于较低符号速率信号的传输[130,131];或者源于一些技术性的因素,比如系统高频部分的电器件损伤更大,从而影响其信噪比[132]。如图 1.1.1 所示,相干系统时代的商业光接口速率继续以每年 20% 的速度增长。然而,如前文所述,这是以传输距离减少为代价的。目前可用的 400 Gbit/s 单波长商用光接口使用 64-QAM 调制格式,覆盖范围仅约 100 km[13]。事实上,图 1.1.1 中通过追求高阶调制带来的商业系统符号速率的提升是 10%/年。商业系统符号速率缓慢增长的原因是数字相干收发机的模数转换器(ADC)和数模转换器(DAC)比 DSP 需要的处理速率大很多,这导致系统在把它们集成起来时增加了很大的难度。例如,一个数字相干接收器以 50 Gbaud 运行时,在标称 8 位分辨率下使用 4 个同步 ADC 进行 2 倍过采样,那么 ADC

和 DSP 之间运行的总线速率为 $2 \times 4 \times 8 \times 50$ Gbaud＝3.2 Tbit/s,这远远超出在合理功耗下使用独立组件的场景的总线速率。

构建能够长距离传输的更高速率的光接口变得越来越困难,即便光接口速率仍然在以每年 20％的速度增长,但基于 CMOS 数据包处理(遵循摩尔定律)的 IP 路由器部署速度则是以大约每年 40％的速率增长[73]。在 20 世纪 90 年代初期尚可以将多个 IP 路由器端口聚合到一个通用的高速波分复用波长上,然而当今的情况却正好相反:通常需要一个以上的波长来承载源自单个路由器端口的流量,导致"反向复用"。2009 年出现了"光超级信道"的概念,光超级信道是由多个共同生成、共同传播和共同检测的光载波组成的光学接口。这个概念最初是在基于正交频分复用(OFDM)的研究[133~135]和光学成形子载波的研究[136,137]中出现的,但快速 DAC 的使用最终促成了在当今网络中广泛部署类似的信号结构,即数字奈奎斯特信号超级信道子载波结构[138,139]。在光路由网络的背景下,光超级信道的好处之一是灵活的网格光开关允许"信道内"调制载波紧密排布,从而提升谱效率,每个子载波不需要单独光滤波,可以在发射机或接收机进行多个子载波协同处理,这样还可以进一步减轻超级信道上的损伤。超级信道现在被广泛用于实验室研究,并且已在商业系统中实现,以达到高于相干 DSP ASIC 能力的比特率。基于 2×200 Gbit/s 8-QAM 或 4×100 Gbit/s QPSK 的超级信道技术,当今用于远程传输的 400 GbE 路由器接口的 400 Gbit/s 转发器已经完成标准化。支持光网络扩展的并行性需求已经成为当前和未来光通信研究的一个主题。

高阶 QAM 有助于单波长接口速率的扩展,同时有助于 WDM 系统容量的扩展。与传输距离一样,主要是调制格式决定了系统可实现的谱效率,因此决定了给定系统带宽的波分复用总容量。一般而言,m-QAM 最多可承载 $2\log_2(m)$ 信息位/符号,其中因子 2 是偏振复用导致的信息翻倍。实际系统的谱效率总是略小于这个数字。在数字调制方面,谱效率因 FEC 编码开销、导频和帧头符号映射不完全的等效补充符号而减少。高阶 QAM 使用星座图概率整形(PCS)能实现进一步的系统扩容。PCS 让高能量符号的发送概率低于低能量符号,从而获得最高 1.5 dB 的信噪比提升,允许信号实现准连续自适应谱效率并到达相应的信道条件[12,140]。在系统硬件方面,调制信号的频谱范围具有有限的频谱滚降,为避免波分复用串扰和滤波必须在波分复用信道之间插入保护带;ROADM 网络中具有滤波惩罚,这些效应也会导致谱效率降低。调制信号的频谱形状由脉冲成形滤波器决定,通常在发射机处使用 DAC 进行脉冲成形的数字控制以获得平方根升余弦脉冲,该过程一般被称为奈奎斯特脉冲整形[132,138,139]。

图 1.2.5 总结了多个实验研究记录中谱效率和达到的传输距离的关系,其中虚线为标准单模光纤非线性香农限,实验结果包含小于 100 km 的短距离系统到大于 1 000 km 的跨太平洋系统。光传输中,谱效率和传输距离之间遵循对数关系,传输距离每增加 1 倍,偏振复用的谱效率就会减少 2 bit/(s•Hz)[73]。所有传输距离下最优的谱效率记录都使用了概率整形,其中短距离下调制格式最大能达到 4096-QAM[20,141,142],陆地传输场景的调制格式则下降到了 256-QAM[143],海缆传输使用的最高调制格式为 64-QAM[12]。值得指出的是,从两个实验技术角度来看,这些记录结果具有以下特点。

① 一些实验直接假设使用理想 FEC,并将系统性能量化为可实现的信息率(AIR),与使用真正 FEC 编码的系统相比这些实验结果对谱效率高估了约 1 bit/(s·Hz),在图 1.2.5 中表现为中间位置菱形标记与圆圈标记的对比,以及图片上部菱形标记与正方形标记的对比。

② 一些实验仅使用了单个调制信号波长,再用光谱扩展的思维估计可达到的谱效率。这种假设忽略了所有线性和非线性波分复用效应(例如避免线性串扰或波分复用光纤非线性所需的保护带),最终导致在实验结果中显著高估了谱效率,在图 1.2.5 中表现为短距离传输结果离香农限特别近。然而,在完全相同的实验平台上进行的单通道(正方形)和 WDM 实验(圆形)的实验结果竟然产生了超过 2 bit/(s·Hz)的谱效率差异[20,142]。

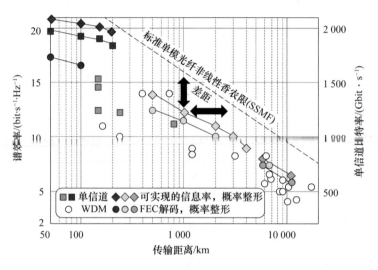

图 1.2.5　实验室研究的谱效率与传输距离的关系

截至 2018 年,传输系统实验室研究和商用产品的最高谱效率演化如图 1.2.6 所示,图中展示了实验系统谱效率以大约 20%/年的速度增长并正在迅速饱和,截至 2018 年,实验室研究的记录为每偏振态谱效率 8.65 bit/(s·Hz)[20],商用产品最高为每载波谱效率 8 bit/(s·Hz)(偏振复用)[13]。自 2000 年以来光纤容量的持续缓慢增长(参见图 1.1.1)早就引起了人们的关注,并且有大量猜测认为传输系统可能正在接近一些基本物理瓶颈,这个瓶颈"打碎"了"无限带宽"的概念,在那之前,人们普遍认为光纤可以满足所有实际传输用途。2001 年,一篇简短的论文[144]提出了一个人们现在非常熟悉的概念,即"非线性香农极限",该概念表现为系统容量最初会遵循线性香农曲线,但在高功率下会由于非线性效应而翻转,如图 1.2.7 所示。后续还有论文[109,145]进行了假设修正和进一步讨论。令人吃惊的是,从计算结果来看,当时最好的实验容量结果需要增加 3～5 倍才能达到香农限。图 1.2.5 中也标注了实验记录与标准单模光纤的非线性香农限估计之间的差距,无论在谱效率还是在传输距离方面,都与香农限存在差距。

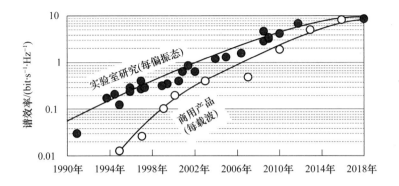

图 1.2.6 实验室研究和商用产品的最高谱效率演化

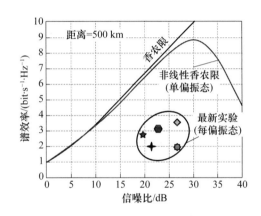

图 1.2.7 非线性香农限的定量估计

除了这些基本的香农限考虑因素,光纤熔断效应所导致的部署光纤的光学损伤阈值问题也引起了研究者的关注[146]。鉴于对传输容量的现实需求呈指数级增长,2009 年在维也纳举办的欧洲光通信会议(ECOC)的全体会议针对接近光纤容量极限的影响进行了讨论[147],会议中提出了光纤传输系统发展的第 4 个时代,即使用空间复用的光学系统时代。

20 世纪 90 年代中期研究人员就认识到,要实现光网络交换现场实验就需要有一个稳定光网络层来控制多个波分复用信道[148~150]。一些可重构网络在 21 世纪初就已经被接入光纤传输系统,而全光灵活交换技术在 21 世纪初开始被广泛引入商业相干系统,自此研究人员认识到网络应该具有更高程度的交换网格、灵活的上/下路(add/drop)选择,以及提供远程配置、保护和恢复的功能。虽然网络功能的扩展可能被看作与相干接收机的引入同时期发生,但相干系统确实为灵活的网络提供了一些关键的好处:相干系统消除了交换节点对色散补偿的需求;允许传输格式和速率对链路距离和可用信道带宽自适应调节;传输系统可以直接通过接收机的 DSP 进行陡峭的接收滤波[151]。

如今的可重构光分插复用器(ROADM)能够提供多颗粒度网格资源互联[151]和灵活的波长分配[152,153],并且进行信号增益和功率的动态均衡,以提高系统的信噪比,并最大限度地达到目标。虽然组成现代 ROADM 节点的第一代波长选择开关(WSS)只支持 20 世纪

90 年代使用的国际电信联盟(ITU)标准 50 GHz 网格的固定信道分配方案[74,154~156],但光网络逐渐发展出了细分网格的弹性光网络[153,157,158]。目前,弹性光网络的最小颗粒度定义在 6.25 GHz,能够在传输链路上实现细粒度的传输长度优化和灵活的数据速率和调制格式匹配,并且,如前文所述,弹性光网络支持子载波密集排布,提升超级信道谱效率。例如,在较小的(城域)网络中实现过 30％的额外容量[159]。

在此背景下,需要注意的是,弹性光网络有两个非常不同的跨层含义,其具体实现架构在工业界内仍是一个讨论热点。

① 如果从以路由器为中心的视角观察,并将客户端接口速率(即 IP 路由器连接到光网络数据流的速率)考虑为一个固定的参数,那么一个灵活的光学收发机必须能够同时改变它的符号速率和调制格式以保持接口速率不变。虽然这种策略总是会最充分地用上路由器端口速率,但是它要求光学收发机和光学链路能够在带宽调节上有更高的功能。因为在保持接口速率不变的时候调节调制格式,就需要改变链路符号速率,这意味着信号带宽发生变化,从而可能导致资源分配策略变化和信号阻塞的出现,进一步需要更复杂的网络碎片整理能力[160]。

② 如果以传输链路为中心视角,那么一个系统可以是在符号速率上保持不变,功能上只改变调制格式以适应传输范围。这样不仅简化了相干收发机的设计,而且使光信号带宽保持固定,使线路系统端灵活地信道分配硬件和软件变得容易。然而,这种方法本质上改变了客户端接口速率,提高了对 IP 路由器的功能要求。

如今的 ROADM 可以提供无色、无方向和无争用(CDC)的上/下路,这允许收发机在任何波长("无色")任何节点方向("无方向")无阻塞("无争用")传输[151]。目前最先进的 ROADM 支持多达 8 个节点度,即支持 8 对光纤的输入和输出。使用无争用 ROADM 的任意方向的任意一组光频率都被下载到共享的下载模块中,同时不会发生下载阻塞。

不管它的灵活性如何,ROADM 架构必须在组件失效时具有足够的健壮性,这就要求 ROADM 节点一个拓扑方向上的流量必须独立于其他拓扑方向上的流量[151,152]。在环路中,这被称为东西可分性,即处理给定拓扑方向(例如向东)的流量的光学元件必须能够在支持任何其他方向(例如向西)的任何组件失效、被替换或正在进行维护时继续工作。实际中,一个开关设备不能同时提供网络中给定通路的上/下路功能;相反地,连接到每个光纤方向的开关元件之间必须分离。

实际应用中,一旦一个信号被放置在一个波长上,它将保持在该波长上直到到达接收机,即使 ROADM 节点通常被描述为无争用和无色的。因此,如果一个特定的波长已经在一个网状网络预定路径的任何部分上使用,该路径就不能在不借助于波长转换的情况下使用该波长。2001 年,全光交换仍然被认为具有重要的应用前景[161],并得到了广泛的研究[162,163],但当时还没有任何实际的全光交换模块或任何实际的全光交换架构部署。波长转换通常由光收发机作为中继来实现,接收一个波长再发送另一个波长。由于收发机的成本很高,波长转换一直属于不受欢迎的操作,研究者通常在路由和波长分配(RWA)算法中也试图避免波长转换。如果真的需要波长转换,则通常会部署一个备用的本地转发器池来提供波长转换以及保护/恢复功能。在一个大型网络中,只需 15%～20% 的开销容量就可以提供足够的恢复和保护功能[151]。透明光网络避免波长转换的时候,会导致光交换机生成多个并行的交换平面,每个平面只有一个波长,连通性大幅降低、阻塞率增加。

无色、无方向、无争用(CDC)节点架构内部由高端口数(例如 20)的波长选择开关(WSS)、组播开关(MCS)以及上/下路径中的放大器阵列组成[151]。目前的 WSS 由一个自由空间光系统组成,该系统将光谱由光栅分散到硅基液晶(LCoS)相控阵面板来进行相移/衰减控制[153],再将不同的频率引导到不同的输出端口,复用进不同的光纤。LCoS 的分辨率较高,通常拥有比光链路信道数量多得多的像素,允许灵活的波长分配[152,153]。MCS 是广播-选择开关,不具有波长选择功能;它将所有输入信号广播到所有的输出端口。当 MCS 与相干接收机一起工作时,将本振调谐到所需波长并在数字域中用滤波来选择相应的波长信道[164],这种结构可以被多入多出 WSS 所取代。

在网络中使用 ROADM 的一个重要方面是它们的管理。这通常是通过通用多协议标签交换(GMPLS)完成。随着交换硬件技术的发展,GMPLS 已经能够提供成熟的网络服务[165],包括供应、恢复、自动路径计算、动态重路由和重新优化,使用分布式处理进行路径计算、信令和路由,并使网络在保持 GMPLS/光域透明的情况下对多发故障具有抗性。

1.2.4　空分复用系统时代

2009 年在维也纳举行的欧洲光通信会议上学者们开始讨论接近光纤容量极限的影响,提出了使用空间复用的光学系统突破单模光纤的容量极限[147],标志着空分复用技术研究的开端。然而,直到 2021 年还没有出现对应的商用系统,空分复用系统时代并没有真正开始。

在技术上,空分复用基于多芯光纤、少模光纤,将不同模式的大容量信息复用进单个光纤的不同纤芯、不同传输模式内,形成远超单模光纤极限的容量。当前,已经有学者进行过单纤 Pbit/s 级的实验室系统传输实验,然而,要实现同时包含空分复用、波分复用的大容量商用传输系统还有大量的技术需要攻克。

空分复用技术的具体内容与应用分析将在第 2 章进行展开论述。

1.3　本 章 小 结

本章概述了光纤传输系统 40 多年的发展历程,光纤传输系统以不同传输技术为标志,其发展历程可以被划分为 4 个时代:信号再生时代、放大色散系统时代、相干系统时代和空分复用系统时代。本章对前 3 个时代传输系统的实验室研究、陆地商业系统、海缆商业系统以及网络架构使用的技术进行了描述。空分复用系统时代作为仅在实验室研究中出现的技术,将在第 2 章进行讨论与分析。

光纤传输系统总体上具有从低速到高速、从短距离到长距离的发展趋势。不同时期的应用技术旨在实现系统的传输容量与传输距离的提升。从光纤传输系统 40 多年的发展历程中我们能总结出如下现象或特征。

① 光纤传输系统的发展是由底层技术的革新不断推动的。关键的技术革新包括单模光纤、EDFA、各类控制色散光纤，以及由本研究领域外的芯片技术和计算机技术所推动的数字信号处理技术。

② 在追逐更高通信容量的过程中，光纤传输系统领域内的研究也是全面铺开来进行探索的。就像相干通信时代到来之前的十几年，前人已经对相干系统有所研究；相干传输系统的技术还没有成熟的时候，空分复用技术的研究也已展开。

第2章　光纤传输系统发展趋势

2.1　容　量　紧　缩

网络中各类设备对网络流量的统计结果表明网络流量正在快速增长,其增长曲线大致呈现指数上升特性[2,3,73,167~170]。尽管实际数据在不同应用程序、不同运营商和不同地区之间差异很大,但从长期看,流量增长的典型值是 60%/年(2 dB/年)[167]。图 2.1.1 展示了不同分析公司给出的由光收发机估计的全球网络总流量的变化趋势,图中的数据是从分析师为整个行业进行的全球年度部署所呈现的报告中提取的。图中数据为报告的年度容量部署的总和,前几个(浅色)数据点不能代表实际部署容量,因为它们记录的部署数量并不是年初数据。除了这些初始点,图 2.1.1 还显示,在 2005—2015 年 10 年的时间里,总体部署的光收发机容量每年增长约 45%,无论在城域网/长途网络部分,还是在所有光端口,包括客户端和短距离接口都是大致以这个速度增长;前者显示的总部署城域网/长距离传输容量大约为 100 Pbit/s,后者大约为 2 Ebit/s。需要注意的是,思科公司的虚拟网络指数(VNI)报告了 2017 年仅有 200 Tbit/s 的流量(约 100 Ebit/月),每年仅增长约 24%[170]。产生这种差异的原因是,思科的 VNI 只考虑端到端 IP 流量,而部署的 WDM 容量捕获了所有的流量类型,考虑了运营 WDM 系统的预留空间(以适应峰值平均流量变化和日波动),还包括端到端传输的信息数据在从信源到目的地的途中通常会有许多 WDM 转发器端口这一现象。因此,统计方法的差异造成了具体增长数据的区别,但流量增长超过 45%的事实是网络运营商从网络运营设备中得出的,更具实际意义。

对比图 2.1.1 和图 1.1.1 可以发现,全球总体部署的光收发机容量每年增长约 45%,而接口速率和系统容量每年仅增长约 20%,这显示出严重的差距,导致十几年前学术界就预计了会发生容量紧缩[147,168]。这种增长速度的差异从根本上是由数字集成电子产品遵循摩尔定律(推动设备在生成、处理、存储信息方面的发展)和模拟高速光电技术(推动设备在信息传递方面的发展)决定的[73]。

云基础设施的规模及其演变是流量增长观察的第二种视角。"云"在很大程度上基于集中式架构,它通常由几个网络规模(Web-scale)架构的大型数据中心组成,这些数据中心承载应用程序和数据存储、服务等功能。大型数据中心通过资源的本地化聚合和对电力及热量的高效管理,能够提供很高的信息管理性能和经济效益。随着互联网应用逐渐转向

"云",其数据处理、存储和传输的需求也在迅速增长。2015年,谷歌报道了流量增长速度为每年70%[171],同年,YouTube上传流量也显示了类似的增长率[73]。云供应商也报道了其内部数据流的增长速度快于外部用户数据流。

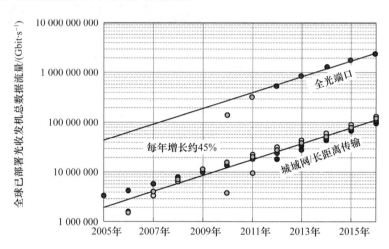

图 2.1.1　由光收发机估计的全球网络流量增长曲线

2.2　接近香农限的扩容方法

如前文所述,波分复用容量正迅速接近其基本香农限,要解决迫在眉睫的容量危机,只能依靠5个用于调制和多路复用的电磁波物理性质(也可以称为5个物理"维度"):时间、频率、正交、偏振和空间。有了这5个维度,光纤信道的总容量,即等效在加性高斯白噪声信道上的可靠通信的最大容量可以写成:

$$C = M \times B \times 2 \times \log_2(1+SNR) \tag{2.1}$$

其中对数项为一个单偏振光 IQ 信号(同相和正交分量都有信息)的最大可能谱效率。式中"乘以 2"表示偏振复用,最终的容量是由双偏振谱效率乘以系统带宽 B 和并行路径数 M 得到的。

从第 1 章的图 1.1.1 和图 1.2.1 中可以明显看到长期容量的增长速度放缓,图 1.2.5 表明谱效率与香农限之间的差距也在逐步变小。这种与香农限的接近靠的是低噪声光放大[172]、低损耗和低非线性光纤的使用[173],这些光纤的使用提高了链路信噪比;同时,使用数字非线性补偿[72,174,175]也有一定的效果[73]。从原理上讲,旨在提高信噪比的技术通常只能带来很小的容量增益,大约只有 10%。大(线性)容量增益只能通过使用式(2.1)中的对数因子 B 和 M 来实现。

数字用户线(DSL)调制解调器是一种在铜线双绞线上运行的接入系统,它可以通过减少传输距离(例如,通过使高速光纤越来越接近铜接入点)来增加容量。这种缩短传输距离的策略对核心网络来说并不是一种好的选择,因为这些核心网络本就需要对固定间距的收发机进行互联。核心网络扩容的一种选择是使用较短的再生跨度,如图 2.2.1[176]所示。为了达到单根光纤香农限的容量-距离曲线之上，比如1 500 km达到20 bit/(s·Hz)，可以使收发机工作在20 bit/(s·Hz)（例如，概率整形4096-QAM），收发机间距约20 km，即使用约75对收发机来完成链路。我们也可以利用1 500 km传输能达到的最高谱效率〔10 bit/(s·Hz)〕的系统，并行使用两个这样的系统来完成链路；并行方法所需收发机的数量会更少。并行链路与光电再生的优势对比如图2.2.1所示。

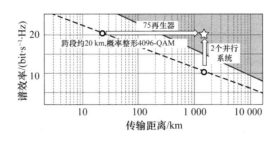

图2.2.1　并行链路与光电再生的优势对比

由于图1.2.5的结果已经充分利用了偏振和时间/频率，根据式(2.1)和图2.2.1，系统要进行多路复用只有依靠更宽的频带(B)和更大的空间并行度(M)。因此，本节将根据目前正在进行的研究来讨论超宽带系统扩容和并行空间路径扩容这两种扩容选择。

2.2.1　超宽带系统扩容

如式(2.1)所示，理想情况下，如果底层系统组件支持宽带扩展，则扩展系统带宽将线性地增加系统容量。图2.2.2显示了商用光纤在低损耗窗口的典型损耗系数，图中在1 380 nm左右出现的是羟基吸收峰，商用光纤根据是否具有羟基吸收峰分为两类信号，对应图中左侧的两条实线。图2.2.2中的虚线由文献[177]重绘而成，代表低损耗光子晶体空心光纤（图中右侧波段）和嵌套反共振无节点空心光纤（全波段）的模型预测。需要注意的是，波长范围(x轴)并不表示频率带宽（双箭头）。当前绝大多数商业部署系统使用的C波段（1 530～1 565 nm）的带宽约有4.4 THz，而光纤的低损耗窗口从O波段一直到L波段（1 260～1 625 nm）的带宽约有53.5 THz，约是C波段带宽的12倍。然而，使用全部波段是非常困难的，在实际中使用超宽带系统进行容量增益的时候也会遇到几个与超宽带系统有关的基本和实际问题，导致容量增益因子大约只有5倍，并不能达到12倍增益[73]。

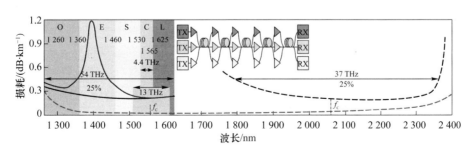

图2.2.2　商用光纤在低损耗窗口的典型损耗系数

超宽带系统包括两个独立的、同样重要的设计方面：①在宽频带窗口具有低损耗的光纤；②光学子系统，如光放大器、激光器和滤波器，能够在整个系统带宽范围内无缝操作。这两个方面对于新地环境（新光纤作为新系统部署的一部分安装）和棕地环境（新系统安装在已经存在的光纤基础设施上）有着不同的影响。前者适用于许多水下和数据中心互联的情况，而后者适用于典型的地面长距离传输和城域网。

在棕地环境下，租赁和部署新光纤都比较昂贵，无法获得未使用光纤的运营商就会在尽可能宽的系统带宽范围内开发现有的光纤资源。新光纤的部署成本不是由光纤的成本决定的，而是由安装所需的劳动力成本决定的，往往光纤部署的成本甚至要高于在其上运行的波分复用系统的成本。因此必须注意新光纤与现有光纤的兼容，因为信号需要能够穿过新旧混合的光纤。当不同类型的光纤被划归为现有网络的一部分时，就需要一个平滑的升级路径[178]。从整个网络操作的角度来看，全新光纤的部署往往成为了难题。例如目前还在研究阶段的光子晶体空心光纤，原则上它可以被设计为在 2 μm（2 000 nm）波长范围内的约 37 THz 带宽上工作（对应图 2.2.2 中右侧具有低损耗值的虚线[177,179]），这个工作波长超出标准单模光纤的 1.55 μm（1 550 nm）通信窗口。需要注意的是，图 2.2.2 中 x 轴的波长缩放可能具有一定的欺骗性：右侧虚线表征的几乎低损耗带宽小于从 O 波段到 L 波段的标准单模光纤波长区域。潜在的更宽带和更低损耗的嵌套反共振无节点空心光纤（nested antiresonant nodeless hollow-core fiber）包含了传统电信频带，它可能实现的损耗曲线如图 2.2.2 中底部的虚线所示[177]。但是，即使在实践中可以实现更低的光纤损耗也不能从根本上解决容量可扩展性问题，因为式（2.1）表达的是容量是信噪比的对数相关：文献[73]中也提到，仅为了将一个单偏振谱效率为 4 bit/(s·Hz) 的系统的容量增加 1 倍，光纤的损耗系数必须降低为原来的 1/64，远低于未来空心光纤最乐观的预测[177]。

对于超宽带系统的第二个方面，即光学子系统在整个系统带宽上的可用性，重要的是要考虑目标频点的相对带宽 B_{rel}，相对带宽被定义为系统频点的绝对带宽 B 除以系统的中心频率 f_{c}：

$$B_{\mathrm{rel}} = \frac{B}{f_{\mathrm{c}}} \qquad (2.2)$$

在大多数工程领域，包括微波和光学领域，组件和子系统的复杂性随着它们相对带宽的增加而增长。对应于 EDFA 增益带宽的 C 波段的相对带宽为 2.3%；100 nm 宽的半导体光放大器[19]支持跨越 13 THz 带宽的相干传输（如图 2.2.2 中左侧标注区域所示），这对应于 6.6% 的相对带宽；从 O 波段到 L 波段的频率区域占用了 25% 的相对带宽，如图 2.2.2 所示的 2 μm（2 000 nm）区域也是如此；倍频的相对带宽为 67%（1/1.5），大致相当于图 2.2.2 中底部虚线所示的嵌套反共振无节点空心光纤的相对带宽[177]。通过构建放大器、可调谐激光器或可调谐滤波器来单独使用具有如此大的相对带宽的系统是很复杂的，这就推动了采用边带方法来构建超宽带系统所需的子系统，如图 2.2.2 所示。边带系统在其子边带中可以使用不同的组件技术，通常比单带（C 波段中）系统的成本更高，这只能在此类系统在新光纤中部署的情况下才能证明。然而,波长并行并不是真正的并行系统,因为真正的并行系统应该并行部署完全相同的系统组件,这是通过数量和集成来降低成本的关键。因此,在频域进行缩放只能将通信容量提升几倍,并不能解决长期的容量紧缩问题,因为这需要成本效益高的容量提升倍数达到 100 甚至 1 000。

2.2.2　并行空间路径扩容

从前面关于带宽扩容限制的讨论中可以明显看出,从长远来看,空间上的并行是显著扩充系统容量的唯一选择。使用并行空间路径的方式被称为空分复用(SDM),利用图 2.2.3[73] 所示的波分复用-空分复用矩阵(其逻辑信道为光谱、空间或混合超级信道)可以对波分复用系统进一步扩容。

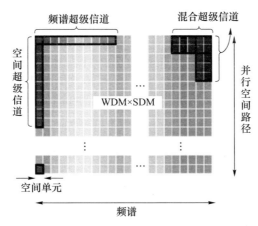

图 2.2.3　由空间单元构成的波分复用-空分复用(WDM×SDM)矩阵

波分复用-空分复用矩阵的每一行表示在一个空间路径内的波分复用,每一列表示在相同载波频率上的多个并行空间路径。每个空间单元(Unit cell)表示使用单个光调制器调制到单个光载波上并使用单个光接收器检测的光信号。假设光电调制和检测硬件的规模继续沿着其长期增长轨迹发展,根据图 1.1.1 预测商业(CMOS 应用集成电路)符号速率 2027 年将到达 120 Gbaud,2037 年将到达 300 Gbaud,这意味着使用数字脉冲整形时每空间单元的带宽为 120 GHz 和 300 GHz。根据图 1.2.5,基于目标传输距离,对应到每空间单元的比特率在 2027 年约为 1 Tbit/s,在 2037 年高达 3 Tbit/s。根据系统是否将使用简单的 C 波段技术(或扩展到整个 S+C+L 波段),2027 年对 Pbit/s 系统和 2037 年对 100 Pbit/s 系统则需要数十条(2027 年)到数百甚至数千条(2037 年)并行空间路径。

图 2.2.3 中,逻辑接口由位于同一光路但具有不同波长的空间单元(频谱超级信道)组成,或由同一波长但横跨多个并行路径的空间单元(空间超级信道)组成,还是由两者混合的空间单元(混合超级信道)组成,首先取决于在部署收发机时整个网络中空间路径的可用性。地面长距离网络和城域网的网络构建依赖于已经部署的光纤,在网络的不同链路上可用的光纤数量可能非常不同,一旦现有路径上的可用频谱被填满,那么就倾向于用频谱超

级信道构建网络并逐渐增加更多的空间路径。另一方面,海底光缆和数据中心互联系统通常面临新地环境,因此可以在安装系统时部署所需数量的平行光纤,在整个项目的统筹下通常只需要很少的额外成本[57]。事实上,如今数据中心互联系统已经采用了大量的并行空间路径(在一些数据中心中有超过 10 000 条平行光纤),包含 100 GbE 和 400 GbE 标准并行单模(PSM)接口[180]。在长距离传输系统中,一些运营商即将在平行光纤上部署全负载的波分复用系统,并且 ROADM 提供了比实际需求更多的节点度,以适应不同的物理路径,从而开启了在每个物理节点方向上支持多个平行光纤的可能性。对于电力供应受限的海缆系统,有研究表明[55~57],每个方向有 50 条并行光纤的大规模链路复用可以使系统架构容量更高、成本更低,即使不使用任何进一步空分复用技术。

在各种技术中,并行性总是受益于简单空间单元的集成,例如集成电路和多核处理器。除了对波分复用-空分复用矩阵纯架构的研究,集成也成为空分复用系统研究的核心问题。在光通信系统中,所有子系统都可以进行集成,包括收发机阵列、放大器阵列、光开关阵列,并可以将并行传输路径集成到更紧凑的光纤中,如多芯光纤(MCF)[181,182] 和少模光纤(FMF)[183~185]。而空分复用的研究也是一直围绕着新光纤(MCF、FMF)的使用来进行的。在过去的几年中,空分复用系统没有强制使用这些新的光纤,一个常见的误解是运营商由于对空分复用的研究没有基于已经铺设好的光纤,就往往会讨厌这些新的研究。事实上,当研究人员提到"空分复用"概念,讨论通过波分复用-空分复用矩阵来构建一个整体的波分复用-空分复用系统时,也包括研究空分复用对运营商有利的架构和集成方面降低成本及每比特能耗的问题。

虽然频谱超级信道和空间超级信道都能从阵列集成中获益,但这两种方法有一些根本的区别。频谱超级信道在网络中提供了更窄的子载波间距,并可能用数字补偿子载波之间的非线性串扰,尽管这样产生的系统性能增益并不大[175]。产生具有大量子载波的频谱超级信道需要控制多个光源,这要么通过集成多个激光器,要么通过解复用一个外调制的光梳(每梳齿需要有足够的功率),然后将调制信号复用到频谱超级信道收发机的共用输出光纤上来实现。当要保持超级信道的子载波可调性时就产生了难题,因为这要么需要每个收发机都有一个波长选择开关(WSS),要么需要一个有损耗的无源耦合器。此外,在实际应用中集成组件的波长可变性和在超级信道收发机内需要增益平坦放大这两个因素可能会带来一定的困难。而空间超级信道每个都运行在单个光载波上,与频谱超级信道相比没有波长分离的过程,使得集成设计更容易。每个超级信道收发机只需要一个激光器,所有集成组件工作在相同的波长,并且在超级信道收发机内不需要增益平坦放大器;单一光载波可以直接功率分割,并作为超级信道内的共同本振在所有调制器和所有接收器之间使用。与频谱超级信道相比,空间超级信道的激光功率要求更低[167],空间超级信道也可以更容易地在其单元间利用数字信号处理(DSP)算法[186]。重要的是,空间路径的密集集成产生的线性串扰可以通过使用多输入多输出(MIMO)DSP 在空间超级信道系统中进行数字补偿[187~189]。

在过去的十年中,空分复用传输方面已经有了许多重要研究,包括已有的空分复用研究使用的光纤截面和信号模态分布等研究成果,如图 2.2.4 所示。空分复用的研究对象涵盖了各种各样的传输光纤,包括非耦合多芯光纤、耦合多芯光纤、多模光纤和少模光纤,研究内容包括信号的线性和非线性传输效应[182,190,191]。这些研究发现,耦合多芯光纤显示出比具有相同纤芯的单芯光纤稍好的非线性传输性能[192,193]。非耦合多芯光纤的一个主要优点是各个芯之间没有串扰,可以直接用传统的收发机检测各个芯的信号。然而,制造这种光纤的复杂性和成本远大于传统单模光纤和减少包层束的单模光纤[194]。所有其他方法都需要定制的 MIMO-DSP 集成电路来解决多芯或多模式之间的串扰问题。因此,这些光纤的总空间路径数量会受到集成电路的复杂性和接口速率的限制。多空间路径系统需要大规模的阵列集成以及光电阵列和 CMOS DSP 之间的紧密配合。一种降低成本的折中方案是混合方案,即使用少模弱耦合的多芯光纤[195,196]。到目前为止,几乎所有空分复用研究实验使用离线数字信号处理技术,除了文献[197]中的实验。在冲击传输容量方面,文献[198]中的大容量空分复用系统实验使用 C＋L 波段在 6 模 19 芯光纤上传输了 10 Pbit/s信号,包含 84 246 个波分复用-空分复用空间单元。

[Zhu,ECOC 2011]　[Hayashi,ECOC 2011]　[Imamura, ECOC 2011]　[Hayashi, OFC 2011]　[Takara, ECOC 2012]　[Sakaguchi,OFC 2012]　[Kobayashi,ECOC2013]

[Ryf, ECOC2011]　　[Ryf, FiO 2012]　　[Doerr, ECOC2011]　[Petrovich,ECOC 2012][Xia, IPS SumTop 2012]　[Mizuno,OFC 2014]

图 2.2.4　已有的空分复用研究使用的光纤截面和信号模态分布

无论哪种空分复用技术或超级信道体系结构最终被商业化,光学元件的阵列集成技术总是不可或缺的。例如,为了构建一个 10 Tbit/s 的超级通道,必须集成 10 个 1 Tbit/s 的空间单元。如果 1 Tbit/s 空间单元无法实现高度集成阵列,就需要用到更多低速率的空间单元,例如 100 个 100 Gbit/s 的空间单元。在集成技术上有三个难题:一是光电阵列集成;二是光电子集成,即光电阵列与 CMOS DSP ASIC 的紧密集成(混合或单片集成);三是 DSP整体集成,即协同设计 DSP 以弥补集成密度高而造成的性能缺陷。DSP 整体集成的一个例子是文献[189]对密集集成调制器阵列中的串扰进行数字补偿。

2.3　频谱超级信道和空间超级信道的组网

除了上述技术和阵列集成方面,频谱超级信道与空间超级信道的选择对光网络也有重要的影响。从路由的角度来看,组成波分复用-空分复用矩阵的两个维度在概念上是不相等的:除非进行波长转换,否则一个连接不能独立地选择链路上的任何可用波长,而是必须在端到端使用相同的波长。相反地,在没有空间串扰的情况下,一个连接可以在每个链路上独立地选择任何可用的空间路径。因此,一个频谱超级信道能够很自由地在各个空间路径中进行网络规划,相比空间超级信道阻塞率更低。更低的阻塞率不仅意味着更大的容量,而且简化了频谱超级信道的配置算法。

空分复用提供了大量的交换维度,大幅增加了 ROADM 的规模。为了推测未来 ROADM 所需的规模,我们考虑 2037 年的频谱超级信道情况。假设每个节点方向有 625 根光纤,一个超级信道信号直接填充整个系统带宽。然后,交换架构将完全基于光链路互联,如果需要光子载波修饰,那么在上/下路使用灵活的波长复用。这种巨型空间交换机的交换架构适用于严格的非阻塞 Clos 网络[199],其中第一和第三阶段是与一个 ROADM 方向相关联的开关,中间阶段包含多个并行交叉连接。虽然有其他可能的交换架构,但 Clos 架构的优点是将各阶段之间的光纤数量保持为输入光纤数量的两倍。因此,2037 年的 8 度节点如果具有 25% 的上/下路功能,将需要 6 250 根光纤。但需要注意的是,Clos 网络允许内部调整大小,例如,我们可以保持 625 光纤方向增加的逻辑度为 5 倍,即分区间每节点度具分为 5 组光纤。这就使得 ROADM 在边缘和中心阶段是 125×250 和 50×50 交叉连接,这只是中等规模的交叉连接,即使现在,ROADM 也有了这个规模。

除了上面讨论的硬件方面,未来光网络还会有网络自动化水平的提高,最终实现不需要任何人工干预的即插即用功能。在物理层,这将导致人类对网络的"零接触",由人工智能和机器学习进行"零思维"网络部署和操作:该网络的组件将由机器人根据需要自动添加,也将自动提供任何服务所需的带宽管理连接,而不需要任何人工干预或规划。重要的是,这些都不会增加网络容量,但会有助于降低网络运营成本。

在"零接触"网络自动化的背景下,认识到自主网络包含 3 个基本功能成分是很重要的:①传感器;②执行器(actuators);③控制代理。三者必须共同作用才能实现所需的功能。在现代相干网络环境下,传感器可以利用相干收发机的嵌入式功能,其自适应算法能够自动学习其操作的网络的物理参数[200,201],或者可以部署独立的传感元件[202]。从光学物理层的角度来看,执行器是灵活的线路卡(调整其速率-距离平衡以适应变化的传输参数)[12],以及支持这种动态的光开关。最后,为了建立一个"网络大脑",需要具有开放接口的通用抽象来允许软件定义光网络跨网络堆栈和跨多种功能将网络元素聚集在一起[203]。

与网络自动化并行的是,大量研究致力于网络功能的分解,这使得资源池能够灵活地分配到动态变化的网络需求中,尽管这种分解通常与使用抽象的软件定义光网络控制平面的通用低成本硬件(白盒)相关联。然而,即便已有了相关研究,与网络功能分解相关的问题远未得到解决。例如,当分解模拟系统(如波分复用系统和光网络)而不是数字系统(如 IP 路由器和网络)时,维护适当的网络功能和服务可靠性变得更加困难。当考虑在可信域之外的网络时,这些困难变得更加明显,比如 IP 网络中通过边界网关协议(BGP)实现的功能如何扩展到物理层仍然是一个有待解决的问题。将模拟信号(如相干光信道)切换到另一个 SDN 域,可能会降低该域内传输通道的性能,并且在该域中失去控制。在这方面,系统架构向全波段频谱超级信道的发展将是有益的,因为纯空间信道在物理上更容易管理。尽管如此,我们预计许多域间边界将继续通过光-电-光再生来实现。在某些领域边界,可能还需要有在数据平面中以线速率工作的复杂处理元素,它可以对输入流量进行分类和过滤,这是目前嵌入 IP 路由器和边界网关协议的功能。

本章虽然主要从容量的角度考虑流量的增长,但流量的性质也可能发生变化。随着人们对网络的期望从全力以赴的思考转变为关键任务的高可靠性范式,我们期望网络健壮性和数据平面属性(如延迟和抖动)变得越来越强。这种度量标准的变化可能导致重新引入电路交换模型,这具有比基于分组交换网络更严格的延迟保障。

在通往"零思维"网络的道路上,以整体、跨界的方式解决网络灵活性和自主性方面的问题将是未来研究的主题。

2.4 本 章 小 结

本章从当前光纤传输系统发展遇到的容量紧缩问题出发,研究和分析了单模光纤的非线性香农限,结合空分复用技术研究了传输系统扩容的途径,对未来 20 年光纤通信系统的发展趋势给出了预测。作者清楚地意识到,作者所提供的长远的观点可能会与历史的走向并不一致。但是作者仍然预测,未来网络的可扩展性无论是在传输方面还是光交换方面都会进一步发展;大规模开发和集成并行空间路径是未来网络的发展方向;空间单元的波分复用-空分复用矩阵基本会是唯一的系统扩容解决方案。本章分析了空间超级信道和频谱超级信道,并表明空间超级信道提供了显著的阵列集成优势,包括空间串扰的数字补偿。空间超级信道更适用于专用光纤装置的点对点系统,比如数据中心互联和海缆系统。频谱超级信道结构似乎对地面网状网络更有优势,因为地面网状网络需要尽可能地利用现有光纤基础设施的多样性。此外,地面网状网络中 ROADM 节点的发展更适合使用频谱超级信道,这种超级信道将在一个纯粹的空间交换核心中发展为全光纤光谱信道,而且比目前的波分复用多路信道更容易管理和自动化。

第3章 数字相干传输系统设计

本章从当前骨干网主流的数字相干传输系统入手,详细讲述当前主流通信系统的原理和技术细节。数字传输系统通过对模拟信号的量化、编码,将信息以 0/1 比特的形态在光纤中传输,接收端通过解调和解码纠错,完成信息的可靠接收。随着信息处理芯片技术的快速发展,数字相干系统使用数字信号处理技术来补偿光纤中的各类传播效应,比如色散补偿、载波频相恢复、噪声抑制、非线性补偿等,通过计算机芯片来解决光纤系统光学上的问题,提升了系统的传输性能,简化了链路结构。采用了数字信号处理技术的相干系统在网络中只需改变软件配置,就可以生成不同的调制格式和数据速率。这种软件可重构的能力对于具有非常多样化的范围和容量需求的网络非常有用。此外,数字信号处理技术还能进行脉冲整形,能够塑造频谱、提升谱效率。当前数字相干传输系统常用的脉冲形状为奈奎斯特(Nyquist)脉冲。

3.1 Nyquist 脉冲信号原理

对于带限系统,其信号无码间干扰(ISI,Inter-Symbol Interference)的条件为信号脉冲 $x(t)$ 满足[204]:

$$x(nT) = \begin{cases} 1, n=0, \\ 0, n\neq0 \end{cases}$$ (3.1)

其中,T 为符号周期。此条件称为 Nyquist 脉冲成形准则,其频域表述为:

$$\sum_{m=-\infty}^{\infty} X(f + m/T) = T$$ (3.2)

其中 $X(f)$ 为 $x(t)$ 的傅里叶变换。实际系统为了达到无码间干扰,系统传递函数广泛采用的是升余弦谱(RC,Raised-Cosine):

$$X_{rc}(f) = \begin{cases} T, & 0\leqslant|f|\leqslant\dfrac{1-\beta}{2T}, \\ \dfrac{T}{2}\left\{1+\cos\left[\dfrac{\pi T}{\beta}\left(|f|-\dfrac{1-\beta}{2T}\right)\right]\right\}, & \dfrac{1-\beta}{2T}<|f|\leqslant\dfrac{1+\beta}{2T}, \\ 0, & |f|>\dfrac{1+\beta}{2T} \end{cases}$$ (3.3)

其中 β 为滚降系数,取值范围为 $0\leqslant\beta\leqslant1$。光纤通信中,满足无码间干扰准则的信号被称为

Nyquist 脉冲信号，Nyquist 脉冲信号对具体的脉冲函数没有限定，通常使用的是平方根升余弦脉冲（RRC,Root-Raised-Cosine）：

$$x_{rrc}(t) = 4\beta \frac{\cos[(1+\beta)\pi t/T] + \sin[(1-\beta)\pi t/T]/(4\beta t/T)}{\pi \sqrt{T}[1-(4\beta t/T)^2]} \qquad (3.4)$$

其频谱为：

$$X_{rrc}(f) = \sqrt{X_{rc}(f)} \qquad (3.5)$$

图 3.1.1 直观展示了平方根升余弦脉冲的时域波形及其频域响应。从图 3.1.1(b) 可以看出，当滚降系数 $\beta = 0$ 时，$X_{rrc}(f) = \begin{cases} T, & 0 \leqslant |f| \leqslant \dfrac{1}{2T} \\ 0, & |f| > \dfrac{1}{2T}, \end{cases}$ 脉冲带宽为 $1/(2T)$（基带），信号脉冲的频谱有严格限频特性，频带利用率达到理论最大值 2 baud/Hz（基带）；其对应的时域脉冲为 $x_{rrc}(t) = \dfrac{4\beta\cos(\pi t/T)}{\pi\sqrt{T}} + \dfrac{\sin(\pi t/T)}{\sqrt{T}}$，脉冲有较明显的拖尾，如图 3.1.1(a) 所示。需要指出的是，$\beta = 0$ 的情形在实际中是不可实现的，但是由于升余弦脉冲的频谱具有平滑性，可以使用较小的滚降系数（$\beta \to 0$）近似，因此在实际系统中通常采用的是 $0 < \beta \leqslant 1$ 的平方根升余弦脉冲。为了论述方便，后文中的"Nyquist 脉冲"都是指平方根升余弦脉冲。

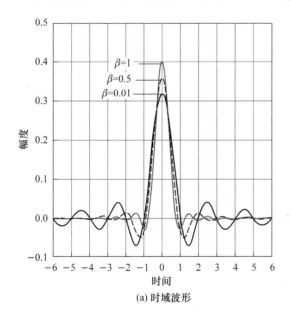

(a) 时域波形

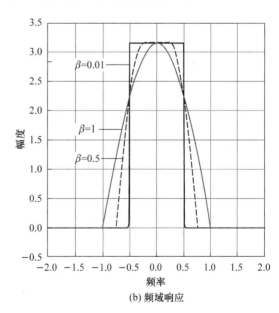

(b) 频域响应

图 3.1.1　平方根升余弦脉冲

从图 3.1.1(a) 可以看出 Nyquist 脉冲（平方根升余弦脉冲）存在码间干扰，这是由于 Nyquist 系统通常在接收端也使用一个平方根升余弦滤波器进行匹配滤波，如此，信号在接收端判决前就达到了理论最优的信噪比，同时收发端的两个平方根升余弦滤波组合成的系统传递函数正好为升余弦谱，满足无码间干扰的条件。

综上所述,Nyquist 脉冲信号具有下列特点:

① 没有码间干扰;

② 信号的频带利用率逼近理论极限值;

③ 采用了匹配滤波,完成了"最佳接收"(最佳采样时刻的信噪比最大)。

因此,Nyquist 脉冲信号在光纤通信领域得到了广泛应用。OFDM 信号包含一系列子载波,每个子载波使用矩形脉冲,矩形脉冲具有升余弦频谱,OFDM 子载波以符号速率为间隔在频谱上排列时不会产生载波间串扰(Inter-Subcarrier-Interference)。因此 OFDM 信号同样也满足以上 3 个特点。与 Nyquist 脉冲信号相比,OFDM 信号具有更大的峰均功率比(PAPR,Peak-to-Average Power Ratio),在光纤中会产生更严重的非线性,同时也对光电器件的线性度提出了更高的要求。OFDM 信号的优点在于它具有比 Nyquist 脉冲信号更简单和灵活的信道传递函数跟踪功能,在无线信道快速变化的多径和衰落的环境中,OFDM 信号有较大的优势,但是光纤信道具有相对稳定的系统传递函数,OFDM 的这个优点并没有得到有效发挥。

3.2 脉冲成形信号传输系统研究现状

基于数字信号处理的相干系统框图如图 3.2.1 所示。发射端产生脉冲信号并调制信息,信号在光纤信道中经历色散、衰减、光克尔非线性等效应之后,接收端对信号进行相干接收,经过数字信号处理后恢复信息。

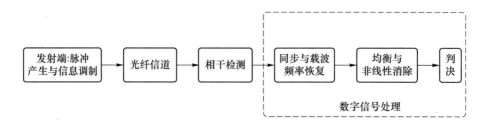

图 3.2.1 基于数字信号处理的相干系统框图

基于数字信号处理的相干系统对其具体脉冲成形实现方式没有特定的要求。以 Nyquist 脉冲为例,Nyquist 脉冲可以通过数字滤波[205~216]、电滤波[216]、光滤波[137,216~218]或者光脉冲方式[219~225]产生。2011 年,都灵大学 Schmogrow 等人采用数字滤波方式完成了 100 Gbit/s 的实时 Nyquist 收发机[206]。同年,美国 AT&T 实验室采用数字滤波方式完成了 64 Tbit/s 的 Nyquist 实验系统,在超大有效面积光纤(ULAF,Ultra-Large-Area Fiber)上传输了 320 km[207]。2015 年,NICT 网络系统实验室完成经过数字滤波的 Nyquist 脉冲在 31 km 单模多芯光纤(MCF,Multi-Core Fiber)的传输,速率达到 2.15 Pbit/s[208]。2012 年,中兴公司使用光滤波方式完成 7×224 Gbit/s 的 Nyquist 实验系统,在传统单模光纤

(SMF-28)上传输了 1 600 km[217]。2014 年,日本东北大学的 Otuya 等人使用光脉冲方式完成了 1.92 Tbit/s 的 Nyquist 实验系统,传输了 150 km 的线上色散补偿链路[219]。使用以上 4 种脉冲产生方法都能实现大容量的 Nyquist 系统,它们之间孰优孰劣、各有什么特点是值得研究的问题。在均衡方式上,时域均衡方案得到了广泛的研究与应用,光通信领域的时域均衡技术已趋于成熟并应用于 Nyquist 系统中[205~217]。时域均衡使用线性滤波器对时域信号进行滤波,消除码间串扰。时域均衡具有结构简单、性能高效的特点。在无线通信领域中,频域均衡方案因其简单的信道估计方式而得到了广泛的应用,在光纤通信的 Nyquist 系统中,频域均衡也已得到了实现。由于 Nyquist 脉冲具有矩形频谱,其信道结构正如前文所述,低滚降系数的 Nyquist 脉冲在频谱上紧密排列,以波分复用(WDM)的方式填充可用的频带,各 Nyquist 脉冲在频谱上以狭小的保护间带隔开以消除带间干扰[226]。

3.3 以 Nyquist 脉冲为例的光脉冲信号产生方案及对比

图 3.3.1 展示了光通信中 Nyquist 脉冲的 4 种产生方案。图 3.3.1(a)为数字滤波方案,方案中发射端 DSP 包含数字平方根升余弦滤波器,在数模转换器(DAC,Digital-to-Analog Convertor)前完成脉冲成形,DAC 将数字脉冲转为电脉冲后还需要加入防频谱混叠的低通滤波器(LPF,Low Pass Filter)去除 DAC 的镜像谱。在 DSP 的脉冲成形算法中,只要使用时间复杂度低的低阶的成形滤波器就能产生波形精准且滚降系数逼近 0 的 Nyquist 脉冲[216,227],DSP 的参数也能直接决定 Nyquist 脉冲的带宽。因此数字滤波方案具有结构简单、器件成本低、脉冲波形品质好、保护边带小、脉冲带宽灵活可变的特点。图 3.3.1(b)为电滤波方案,图 3.3.1(c)为光滤波方案,电/光滤波方案中,信号源给出的是不归零(NRZ,None Return Zero)矩形脉冲,脉冲成形通过特定频响的电/光滤波器完成,滤波器将 NRZ 信号近似切割成矩形频谱,因此滤波器频响曲线要求具有较大的高频分量和尽可能小的过渡带。电滤波方案选择特制的窄过渡带 ELPF(Electric LPF)对电 NRZ 信号进行脉冲成形,产生的 Nyquist 脉冲带宽与 ELPF 带宽相等。电滤波方案不仅成本高,硬件上制作窄过渡带的滤波器较为困难,产生的脉冲波形品质差[227],保护边带较大,脉冲带宽灵活度也低。光滤波方案选择可编程光滤波器 waveshaper 对光 NRZ 信号进行脉冲成形,waveshaper 成本高、栅格大、过渡带大,要求光信号具有较大的符号速率、特定的中心频率和固定的带宽。当前技术条件下 waveshaper 的栅格与 DAC 产生的信号符号速率比值较大,产生的脉冲比较粗糙,品质差[227]。图 3.3.1(d)为光脉冲滤波方案,光脉冲滤波方案使用锁模光纤激光器(MLFL,Mode-Lock Fiber Laser)或光频率梳(光梳)[228,229]直接产生较窄的光脉冲,经过 waveshaper 滤波整形后调制上 NRZ 信号,这种方式还需要使用时分复用器(OTDM-MUX)将脉冲以符号时长间插。光脉冲滤波方案产生的是高符

号速率的单载波光脉冲,在大带宽的情况下 waveshaper 能产生较精准的 Nyquist 脉冲,因此产生的信号不仅波形准确,保护边带也小(相较于符号速率)。光脉冲滤波方案的器件成本较高,带宽灵活度低。

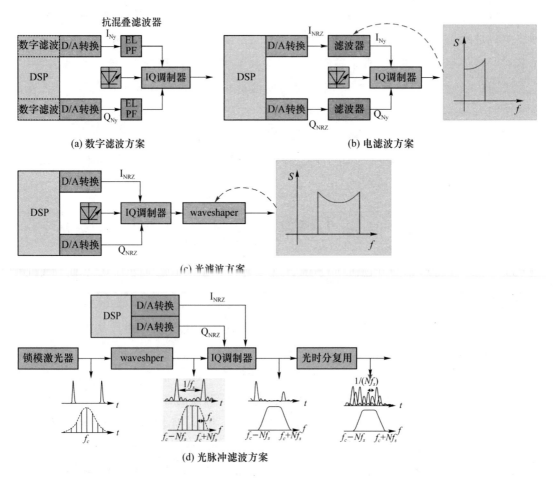

(a) 数字滤波方案

(b) 电滤波方案

(c) 光滤波方案

(d) 光脉冲滤波方案

图 3.3.1　Nyquist 脉冲信号产生方案

表 3.3.1 对比了这 4 种 Nyquist 脉冲信号产生方案的特点。由于 DAC 无法直接输出高符号速率的信号,数字滤波、电/光滤波无法完成高符号速率的 Nyquist 脉冲;光脉冲滤波中,Nyquist 脉冲源自窄脉冲的锁模激光器或光梳,符号速率较高。值得说明的是,数字滤波的 DSP 算法中需要对信号进行上采样处理,根据 Nyquist 采样定理,上采样系数需要大于 1,采样系数越大,DAC 输出的信号符号速率越低。通常的系统对信号符号速率没有太高要求,实际应用中为了简便,上采样系数通常取为 2。在 DAC 的最大采样率不足,并且系统具有高符号速率的要求时,可以考虑降低上采样系数,提升符号速率。2013 年 Schmogrow 等人完成了采样系数为 4/3 的实时 Nyquist 系统[210],上采样系数太低会对脉冲波形的品质产生影响。

表 3.3.1 4 种 Nyquist 脉冲信号产生方案对比

方案	数字滤波	电滤波	光滤波	光脉冲滤波
器件	防混叠 LPF	特制的窄过渡带 ELPF	高成本的 waveshaper	MLFL、光梳、OTDM-MUX
带宽灵活度	高	低	特定带宽	低
保护边带	小	中	大	小
波形品质	好	差	差	好
发射端 DSP 上采样系数	>1	1	1	1
符号速率	低/中	低/中	中	高

结合对比结果我们发现数字滤波方案不仅成本低、结构简单、谱利用率高、灵活度高，脉冲品质也高。因此数字滤波方案是综合最优的 Nyquist 脉冲产生方案；在高符号速率场景下，光脉冲滤波方案也会有不错的表现。

3.4 数字相干接收机与均衡方案

均衡的目的在于补偿通信系统的线性损伤以消除码间干扰，同时均衡还可以用于偏振解复用。

3.4.1 相干接收机

图 3.4.1 展示了单偏振相干接收机架构。相干接收机需要接收机内部提供一个光载波，称为本振(LO)。假设发射光信号的复电场为：

$$E_s(t) = A_s(t)\exp(i\omega_s t + \theta_{\mathrm{sig}}(t)) \tag{3.6}$$

其中 $A_s(t)$ 为信号复振幅，$\theta_{\mathrm{sig}}(t)$ 为信号角信息，ω_s 为角频率。同样，LO 的复电场也可表示为：

$$E_1(t) = A_1\exp(i\omega_1 t + \theta_1(t)) \tag{3.7}$$

其中 A_1 为本振信号振幅，$\theta_1(t)$ 为本振信号相位噪声，ω_1 为本振信号角频率。骨干网的传输系统常用零差检测，即 $\omega_{\mathrm{IF}} = |\omega_s - \omega_1| = 0$。图 3.4.1 的检测结构也被称为双平衡检测，将信号光分为两路，一路与本振光耦合进行平衡检测，另一路与 90°移相后的本振光耦合进行平衡检测，经过光电检测器后双平衡检测的两路输出光电流可分别表示为：

$$I_1(t) = R\sqrt{P_s(t)P_1}\sin(\Delta\theta(t)) \tag{3.8}$$

$$I_Q(t) = R\sqrt{P_s(t)P_1}\cos(\Delta\theta(t)) \tag{3.9}$$

其中 $P_s(t)$ 和 P_1 分别为信号光和本振光的功率，$\Delta\theta(t) = \theta_{\mathrm{sig}}(t) - \theta_1(t)$。式(3.8)和式(3.9)表征了零差接收机测量的是信号与本振向量的内积。结合两路光电流可以得到：

$$I(t) = R\sqrt{P_s(t)P_1}\exp(i\Delta\theta(t)) \tag{3.10}$$

信号光在双平衡检测中下变频为基带信号,式(3.10)中的输出电流能够表示基带的复振幅,同时包含同相分量和正交分量,即能够接收信号光在单个偏振态上的全部信息。为了正确解码信号,需要 $\theta_1(t)=0$ 使得 $\Delta\theta(t)=\theta_{\text{sig}}(t)$,然而本振是个独立的激光器,它的相位噪声与发射机的激光器相位噪声一定是独立的随机过程,因此需要光锁相环进行 LO 的噪声锁定,或者利用数字信号处理技术对解码后的信号补偿相移 $-\theta_1(t)$。双偏振相干接收机的结构基本上是单偏振相干接收机的并行复制。

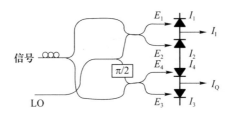

图 3.4.1　单偏振相干接收机架构

3.4.2　时域均衡方案

图 3.4.2 展示了双偏振相干接收机与传统时域均衡连接的架构。相干接收机检测到的模拟电信号经过数字化后在 DSP 单元处理。DSP 部分首先是两个固定的或缓慢自适应的色散粗补偿滤波器。时域均衡滤波器的本体是 4 个蝴蝶状配置的快速自适应数字有限脉冲响应(FIR)滤波器,具体用于偏振恢复和解复用、偏振模色散补偿、残余信道线性响应补偿以及剩余 CD 补偿。蝶形滤波器通常采用 $T/2$ 间隔(T 为信号符号周期),以达到最佳的性能。时域均衡之后是本振信号相较于发射机激光器的频率、相位偏移的估计和恢复。研究表明,利用数字方法可以有效地缓解或纠正接收机结构误差,如相干接收机中的信号分量所引起的干扰和正交不平衡[230,231]。为了提高系统对放大自发辐射(ASE)噪声的容忍度,在 100 Gbit/s 及以上的光纤传输系统中很有可能使用软判决前向纠错(FEC)码。

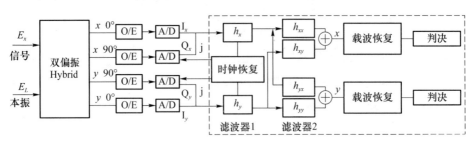

图 3.4.2　双偏振相干接收机与传统时域均衡架构

数学上,时域均衡算法分为两部分,一是均衡滤波,一是滤波器抽头系数估计。均衡滤波通过在系统接收端对时域信号进行线性滤波而完成:

$$\tilde{s}_{\text{TDE}}(n)=r_{\text{TDE}}(n)*c_{\text{TDE}}(l) \tag{3.11}$$

其中 r_{TDE} 为接收信号,$\tilde{s}_{\text{TDE}}$ 为接收机恢复的发射信号,c_{TDE} 为线性滤波器抽头系数。对滤波

器抽头系数的估计是广泛研究的问题,目前较为有效的估计方法有 3 类。第一类是针对 mPSK 等信号恒模特性(信号幅值相等)提出的恒模算法(CMA,Constant Module Algorithm)及改进的适用于高阶调制的 CMMA(Constant Multi-Module Algorithm)[207,232]。第二类是根据判决反馈信息估计的算法,比如判决反馈最小均方误差 (DD-LMS,Decision-Directed Least Mean Square)算法[232]、RLS(Recursive Least Squares) 算法等[233]。前两类算法也被称作盲均衡算法。第三类算法则是在系统发射端插入训练序列,接收端根据接收的训练序列计算滤波器抽头系数[234]。

时域均衡算法基本都是反馈型算法。图 3.4.2 中,蝶形滤波器输出信号表征为:

$$\begin{cases} Z_x = h_{xx} \otimes x + h_{xy} \otimes y \\ Z_y = h_{yx} \otimes x + h_{yy} \otimes y \end{cases} \tag{3.12}$$

其中 x,y 是输入蝶形滤波器在 X/Y 偏振的复信号。滤波器抽头系数 h 通过不断反馈迭代收敛到最优值。反馈迭代一般应用的是梯度算法,然而,具体的迭代需要利用误差信号的计算。如果系统定期发送训练序列,则可以很容易地计算出反馈误差信号。这种基于训练的方法具有收敛速度快和信噪比性能最佳[234,235]的优点,但如何实现训练序列的初始时间同步是一个潜在的问题。此外,基于训练序列的方法将占用传输信息比特,从而降低可达到的谱效率。在没有训练序列的情况下,可以通过寻找信号的调制特性或统计特性来实现盲均衡。由于盲均衡不消耗额外的带宽,因此采用盲均衡可以获得更高的谱效率。

这里首先介绍基于特殊调制特性的盲均衡算法。盲均衡算法中最著名的是恒模算法 (CMA)[236]。CMA 计算反馈误差信号基于单一参考圆的半径为 R 的复平面(恒模量):

$$\varepsilon_{x,y}(i) = |Z_{x,y}(i)|^p - R^P \tag{3.13}$$

其中 p 为阶数,为了平衡收敛速度和稳态信噪比性能,p 通常取 2。恒模 R 由 $E(|Z|)^2 / E(|Z|)$ 给出,其中 E 表示统计期望。通过式(3.13)可以得到 4 个 FIR 滤波器的滤波系数自适应方程,如图 3.4.3 所示。

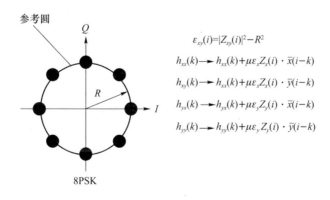

图 3.4.3　PSK 信号的 CMA

$\bar{x}$ 和 $\bar{y}$ 分别表示 x 和 y 的复共轭。CMA 尤其适用于呈现恒定幅值的调制格式,如 M-ary相移键控(mPSK),甚至通常作为其唯一的均衡算法使用。然而,对于振幅不恒定的调制格式,如正交幅度调制(QAM,Quadrature Amplitude Modulation),它通常由多个环/模量组成。对 QAM 信号执行 CMA 时具有均衡误差,均衡后会引入额外的码间干扰。

为了提高不呈现恒定幅值的调制格式信号的均衡性能,文献[237～240]提出了几种多模算法(MMA),包括半径定向算法(RDA)[239]和级联多模算法(CMMA)[237]。其实在射频通信系统[238]中,RDA 已经被研究过,在该系统中,接收端首先决定接收到的符号最有可能属于哪个环/模量,然后根据正确的环半径信息使用 CMA 计算出误差信号:

$$\varepsilon_{x,y}(i) = |Z_{x,y}(i)|^p - r_i^p \tag{3.14}$$

CMMA 以级联的方式引入多个参考圆,使理想信号的最终误差趋于零。图 3.4.4 以 8QAM 和 16QAM 为例,说明了如何使用 CMMA 计算误差信号。由随机梯度算法得到相应的滤波器抽头更新方程如下:

$$\begin{cases} h_{xx}(k) \rightarrow h_{xx}(k) + \mu\varepsilon_x(i)e_x(i)\bar{x}(i-k) \\ h_{xy}(k) \rightarrow h_{xy}(k) + \mu\varepsilon_x(i)e_x(i)\bar{y}(i-k) \\ h_{yx}(k) \rightarrow h_{yx}(k) + \mu\varepsilon_y(i)e_y(i)\bar{x}(i-k) \\ h_{yy}(k) \rightarrow h_{yy}(k) + \mu\varepsilon_y(i)e_y(i)\bar{y}(i-k) \end{cases} \tag{3.15}$$

其中 $\varepsilon_x(i)e_x(i)$ 为分区后的误差信号。研究表明,对于 8QAM[230,237]和 16QAM[240],上述 CMMA 可以获得比 CMA 更好的信噪比性能。但有些研究观察到 CMMA 在收敛方面的容错率降低[241],这是由于 MMA 的有效性还依赖于环半径的正确判定;由于 QAM 中的环间距通常小于最小符号间距,所以容易出现判定错误从而导致收敛错误。解决这一问题的一种方法是在初始阶段使用经典的单环 CMA 进行预收敛,实现预收敛后再切换到 MMA 以实现系统稳定运行。由于 MMA 后向兼容单环 CMA,因此与使用独立 MMA 的情况相比,在开始阶段添加 CMA 不会增加任何实现复杂度。对于高阶 QAM,如 32QAM 或 64QAM,MMA 的实现复杂度可以通过只选择内部的两个或三个环计算误差信号[242]来降低。因为外部半径较大的环的环间距较小,内部环的环间距反而较大,使用内部的环可以有效提高收敛容错率。

提高均衡器信噪比性能的另一种方法是在起始阶段先使用 CMA 进行预收敛,在信号预收敛后使用判决反馈最小均方法(DD-LMS)。标准 DD-LMS 计算的误差信号为:

$$\varepsilon_{x,y}(i) = Z_{x,y}(i) - d_{x,y}(i) \tag{3.16}$$

其中,$d_{x,y}(i)$ 是信号经过载波频率和相位恢复后判决信号的对应星座点。DD-LMS 的滤波器抽头更新方程为:

$$\begin{cases} h_{xx}(k) \rightarrow h_{xx}(k) + \mu\varepsilon_x(i)\bar{x}(i-k) \\ h_{xy}(k) \rightarrow h_{xy}(k) + \mu\varepsilon_x(i)\bar{y}(i-k) \\ h_{yx}(k) \rightarrow h_{yx}(k) + \mu\varepsilon_y(i)\bar{x}(i-k) \\ h_{yy}(k) \rightarrow h_{yy}(k) + \mu\varepsilon_y(i)\bar{y}(i-k) \end{cases} \tag{3.17}$$

CMA/MMA 的均衡和载波恢复可以在不同的功能块中独立实现,而 CMA/DD-LMS

需要在单个功能块/环路中实现均衡和载波恢复及盘踞。如果 CMA 预均衡剩余误差或相位误差过大,则标准的 DD-LMS 可能失败。为了克服这一问题,文献[241,243]提出了改进的 DD-LMS。这种改进的 DD-LMS 使用相位无关的误差信号:

$$\varepsilon_{x,y}(i)=|Z_{x,y}(i)|^{2}-|d_{x,y}(i)|^{2} \tag{3.18}$$

由于误差计算中判决部分使用了信号的同相和正交两个分量,所以计算出的误差信号更为准确,DD-LMS 的均衡性能优于 MMA。并且,调制格式阶数越高,DD-LMS 的性能优势越明显。

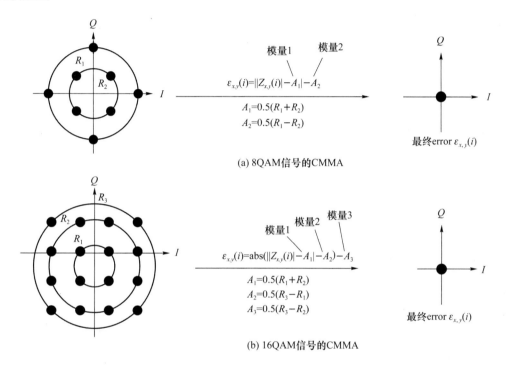

(a) 8QAM信号的CMMA

(b) 16QAM信号的CMMA

图 3.4.4　8QAM 和 16QAM 信号的 CMMA

3.4.3　频域均衡方案

如前文所述,高阶调制格式的信号可能并不适合使用时域均衡算法。因此频域均衡算法也被从无线通信技术中引入了光通信技术。

频域均衡算法包含 3 部分:信号帧结构合成、系统传递函数估计和均衡滤波。如图 3.4.5(a)所示,频域均衡算法需要在系统发射端将信号组合成帧,每 N 符号信号为一块(Block)并插入足够长度的循环前缀/后缀(CP/CS,Cyclic Prefix/Cyclic Suffix)防止光纤链路色散等效应产生的块间串扰,循环前缀/后缀长度通常由信道色散值决定。帧头插入多个训练序列,训练序列选取频谱响应 $S_{tr}(k)$ 较平坦的序列,比如 M 序列或者 Chu 序列。在接收端,如图 3.4.5(b)所示,信号移除 CP/CS,作 FFT 变换到频域后,提取训练序列进行系统传递函数估计:

$$C_{\mathrm{FDE}}(k) = \frac{1}{\widetilde{H}_{\mathrm{FDE}}(k)} = \frac{S_{\mathrm{tr}}(k)}{R_{\mathrm{tr}}(k)} \tag{3.19}$$

其中 R_{tr} 为接收的训练序列频谱,通常系统中需要平均多个训练序列的估计结果以降低光纤链路中 ASE(Amplifier Spontaneous Emission)噪声的影响。$\widetilde{H}_{\mathrm{FDE}}$ 为估计的系统传递函数,C_{FDE} 为对应的迫零均衡系数。使用 C_{FDE} 对频域信号进行单抽头迫零均衡后,再用 IFFT 将信号变换回时域,如此完成频域均衡。

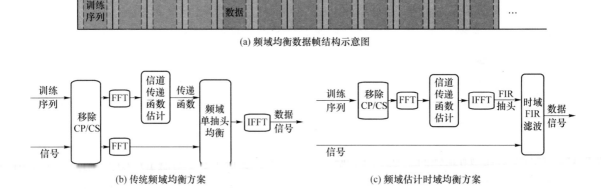

(a) 频域均衡数据帧结构示意图

(b) 传统频域均衡方案　　　　(c) 频域估计时域均衡方案

图 3.4.5　频域均衡数据帧结构示意图、传统频域均衡方案和频域估计时域均衡方案

　　均衡算法的取舍主要考量算法效果和运算时间复杂度两方面。由于这两类算法的原理都是对信道响应(频域对应为传递函数)进行估计,利用估计的结果进行线性均衡,因此理论上时域均衡和频域均衡的算法效果是相当的。算法的时间复杂度分为两部分,一是估计算法的复杂度,二是均衡算法的复杂度。时域滤波器的估计算法有很多,其时间复杂度差别也很大,但都大于或远大于频域估计算法。时域均衡的滤波需要 $O(l)$ 次乘法,其中 l 为滤波器抽头个数,与光纤链路的色散值相关。传输系统中,由于信号脉冲的矩形频谱特性,频域均衡算法只需要每符号单采样进行,共需要 $O(2N\log_2(N)+2N)$ 次乘法,其中 N 为 FFT 算法的点数,取决于均衡算法分辨率的需求。频域均衡算法中,插入 CP/CS 会降低信号的数据率,这个缺点可以使用 overlap FDE 的方法来补偿[244],overlap FDE 的方法会略微增加均衡算法的复杂度。从均衡算法的时间复杂度上看,当光纤链路色散较大时,时域均衡算法的时间复杂度 $O(l)$ 大于或远大于频域均衡算法的时间复杂度 $O(2N\log_2(N)+2N)$,当光纤链路色散较小时,时域均衡算法的时间复杂度较小。需要指出的是,时域均衡算法特别是盲均衡算法在信道响应估计时容易受 ASE 噪声影响,导致算法性能下降,实际应用中常使用级联的多阶时域均衡算法来克服 ASE 噪声的影响,这使算法的时间复杂度成倍增长。因此,综合而言,频域均衡算法因其简洁性而更有优势。

　　如前文所述,通常在光纤通信系统的接收机中,光纤链路色散由单独的有限脉冲响应(FIR,Finite Impulse Response)滤波器进行粗补偿,均衡算法需要处理的残留色散较小。

针对这个特性,我们提出了频域估计时域均衡算法[245]。频域估计时域均衡算法在发射端与传统频域均衡算法相同,但是数据不需要插入 CP/CS,也不需要组合成块;在接收端,频域估计时域均衡算法如图 3.4.5(c)所示,提取训练序列,通过 FFT 变换到频域后进行信道传递函数估计,再通过式(3.20)转换为时域滤波器抽头,并对时域信号进行均衡滤波。

$$c_{\text{FDE}}(l) = \text{IDFT}(C_{\text{FDE}}(k)) = \text{IDFT}\left(\frac{S_{\text{tr}}(k)}{R_{\text{tr}}(k)}\right) \tag{3.20}$$

频域估计时域均衡算法是小残留色散情形下对频域均衡算法的改进。频域估计时域均衡算法在帧结构上没有 CP/CS 的开销,只有帧头训练序列的开销;在系统参数估计上具有较小的时间复杂度,与频域均衡相同;在均衡算法上在小残留色散情形下具有较小的时间复杂度,与时域均衡相同;在消除 ASE 噪声的影响时,既能在频域也能在时域对估计的参数进行降噪处理。

3.4.4　前向纠错码

前向纠错(FEC)是一种提高传输性能的强有力的误码纠错技术。由于相干 DSP 集成电路中可以提供信号的多级量化电平,也称为软信息,基于软信息判决(SD)的 FEC 就可以实现[246]。文献[247]中的实验展示了一个使用低密度奇偶校验(LDPC)码的系统完成了传统光组网要求 10^{-15} 量级的 post-FEC 误比特率。该 LDPC 码使用码率 0.864(16%的编码开销)的 SD-FEC 内码和码率 0.935(7%编码开销)的硬判决(HD)FEC 外码。实验中,由于组成超级信道的 OFDM 信号具有良好的光谱边界,复用后信号基本上没有额外的惩罚。通信系统中经常使用 7%开销的 HD-FEC,其误码率阈值 3.8×10^{-3} 对应的最终误码率小于 10^{-15}。为了使 SD-FEC 解码器的输出误码率低于校正阈值,SD-FEC 使用 15 次解码迭代时的输入误码率需要小于 2.7×10^{-3}。实际上,实验室研究中的光学系统实验很少真正使用 FEC,而转为使用 FEC 前的误码率来直接评估传输质量,这基于信号有足够随机性的隐含假设以确保误差的统计独立性,同时,在假设使用 SD-FEC 的情况下,实验系统必须保证信号的随机特征是高斯型。这种假设避免了以电子科学、信息论和光纤材料知识为思维架构的研究者去学习数学或计算机领域的编码技术,降低了行业竞争程度。然而由于前述的两个 FEC 应用的前提在非线性光纤传输条件下有可能被违反,因此先进而严谨的实验系统仍然会实现 SD-FEC 内码解码器。图 3.4.6 为超级信道子载波的软件定义星座图案例,显示了组成 1.5 Tbit/s 超级信道的 8 个 30 Gbaud PDM-OFDM-16QAM 信号在超级信道进入光纤的功率为 9 dBm 的情况下传输 5 600 km 后离线计算的误码率(BER)。图中的实曲线为传输 5 600 km 后的光谱,方块标记为 SD-FEC 前的误码率,三角标记为 SD-FEC 后的误码率,8 个信道的误码率都小于 7%开销的 FEC 误码率阈值,因此各个子载波最终误码率都会小于 10^{-15}。

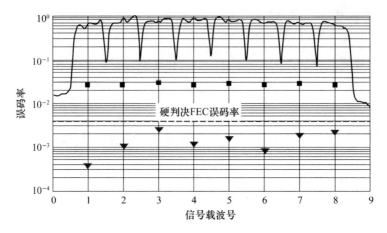

图 3.4.6　超级信道子载波的软件定义星座图案例

3.5　大容量传输系统实验案例

根据前文的分析,在当前的器件条件下,大容量传输系统的最优方案是使用了数字滤波的方案。

我们实现过的数字滤波频域均衡的传输系统模型如图 3.5.1 所示[226,245]。

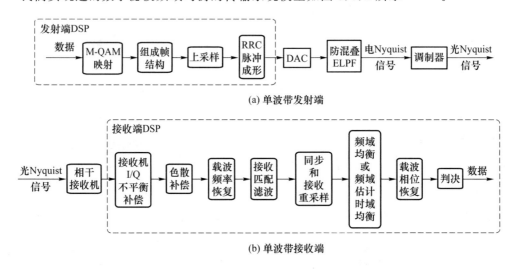

图 3.5.1　数字滤波频域均衡的传输系统模型

图 3.5.1(a)展示了单波带传输系统发射端,波分复用传输系统由多个单波带发射端通过耦合器(coupler)并联组成。发射端 DSP 中,M-QAM 映射阶数与系统的谱效率需求有关,需要指出的是,映射阶数越高,接收端对信号信噪比(SNR,Signal-to-Noise Ratio)要求也越高,这意味着光纤链路的传输距离限制越大。信号帧结构由接收端的算法需求决定。RRC 脉冲选用接近 0 的滚降系数,滚降系数越小,信号谱利用率越高。发射端输出的光信号功率大小对接收信号误码率有直接影响,输出光功率过小会导致链路放大器引入更多的

ASE噪声,降低接收信号SNR;输出光功率过大则会造成严重的光克尔非线性。因此每个传输系统都需要对发射端输出光功率(也称作入纤功率)进行优化。

图3.5.1(b)展示了单波带传输系统接收端,接收端通常完成波分复用传输信号中指定波带的接收。光纤链路中信号受到色散、衰减、非线性等效应的影响,接收端为了提升信号的信噪比,达到判决要求,需要对这些效应进行补偿;同时也补偿收发端器件造成的损伤,比如接收机混频器的I/Q不平衡,收发机激光器的载波及其相位的失配等;还要完成信号的同步和判决。各算法以其作用或补偿的效应发生的顺序反向排列,由于各种非线性补偿算法在接收端DSP中的位置各不相同,为了简化说明,图3.5.1(b)中未予以标注。光纤链路的色散通常在接收端用FIR滤波器进行粗补偿,残留的色散会被均衡算法补偿。载波频率的恢复可以使用无线领域中常用的相位增长算法[248]或者其改进算法。接收匹配滤波使用的是与发射端成形滤波相同的平方根升余弦滤波器。在发射端插入同步序列,接收端用相同序列对信号进行相关运算并寻找相关峰,这样就能完成符号同步。在发射端的信号数据中等间隔插入已知的pilot符号,接收端利用收到的pilot符号提供的相位信息可以估计出载波相位漂移,进而进行载波相位恢复。载波相位恢复也可以使用盲相位搜索算法[249,250]或者维特比-维特比算法[251,252]进行,这两种算法不需要在发射端插入pilot符号,规避了对应谱效率和数据率的开销,但是它们有更大的算法时间复杂度。

我们搭建了 10×38.75 Gbit/s(387.5 Gbit/s), 40×44 Gbit/s(1.76 Tbit/s), 22×118.2 Gbit/s(2.60 Tbit/s)的数字滤波频域均衡的大容量波分复用传输系统,分别传输了320 km、714 km、155 km的SSMF,在系统中验证了数字滤波频域均衡结构的可行性,并对比分析了频域均衡算法、频域估计时域均衡算法的性能。

3.5.1　387.5 Gbit/s 数字滤波频域均衡的波分复用传输系统

图3.5.2展示了387.5 Gbit/s数字滤波频域均衡的波分复用传输系统架构。本实验的目的在于考量数字滤波频域均衡传输系统的可行性。

发射端,任意波形发生器(AWG,Arbitrary Waveform Generator)Tektronix AWG7122B的DAC使用10 GSamples/s的采样率以2倍采样的方式产生滚降系数为0.07的5 Gbaud 16QAM基带电Nyquist信号,防混叠ELPF的3 dB带宽为4.4 GHz。发射端外腔激光器(ECL,External Cavity Laser)线宽为100 kHz。IQ调制器将电Nyquist信号调制到光载波上,其输出信号只包含1个波带,光谱如插图3.5.2(a)所示。光耦合器(OC,Optical Coupler)将信号分为奇偶两路,偶路信号使用单边带调制技术[253]频移了5.5 GHz,由于奇偶两路有足够的时延差,它们的信号相关性被消除。使用OC合波后,得到两个间隔5.5 GHz的波带,其光谱如插图3.5.2(b)所示。通过使用11 GHz和22 GHz射频源过调制马赫增德调制器(MZM,Mach-Zehnder),能够得到5频产生器(5-tone generator)结构[135],它将两个波带扩展到10个。偏振复用(PDM,Polarization Division Multiplexing)的模拟通过偏振控制器(PC,Polarization Controller)、偏振分/合束器(PBS/PBC,Polarization Beam Splitter/Combiner)、可调光延迟线(delay line)组成,偏振复用使信号数据率翻倍。

于是,实验中产生了由 10 个 5.5 GHz 间隔的波带组成的超级信道。

光纤链路由 4 段(span)80 km 的 SSMF 组成,每段光纤由一个 EDFA 补偿光纤功率损伤,链路上没有色散补偿装置。入纤功率为 -7 dBm。

接收端使用 waveshaper(Finisar-4000s)作为接收滤波器,选择接收波带以及移除带外噪声。滤波后信号被送到相干接收机,相干接收机包含 1 个 90° 双偏振混频器(hybrid)、4 对平衡检测器(BD,Balanced Detectors)、4 个 50 GSamples/s 的模数转换器(ADC,Analog-to-Digital Convertor)。接收机本振激光器(LO,Local Oscillator)线宽为 100 kHz。相干接收后,信号波形被存储下来进行离线频域均衡 DSP。

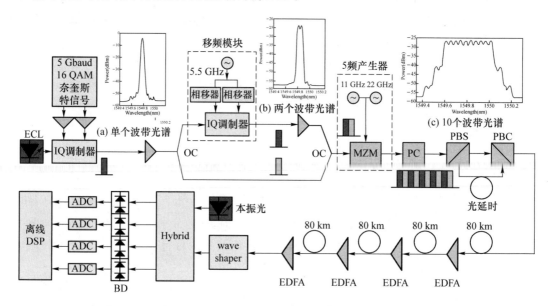

图 3.5.2　387.5 Gbit/s 数字滤波频域均衡的波分复用传输系统架构

图 3.5.3 展示了信号的帧结构。发射端离线 DSP 中,在帧头插入了两个 63 比特 M 序列作为同步序列,用于接收端符号同步。紧接着是 4 个 127 比特的 M 序列以及作为训练序列的 CP/CS,训练序列之间由等长的 0 序列间隔开,偏振复用模拟后正好完成了两个偏振上训练序列的间差,这样的结构使接收端频域均衡能够完成偏振解复用。在信号数据中每隔 31 个符号插入一个 pilot 用于接收端载波相位恢复,因此信号数据率为 387.5 Gbit/s(5 Gbaud×8 bit/symbol×10subband×31/32)。由于载波间隔是 5.5 GHz,保护边带小,信号又使用了高阶的 16QAM 调制方案,所以谱效率高达 7.05 bit/(s·Hz)(5 Gbaud/5.5 GHz×8 bit/symbol×31/32)。

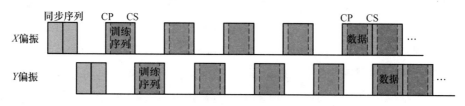

图 3.5.3　387.5 Gbit/s 波分复用传输系统信号帧结构

实验中进行了载波间隔的优化。图 3.5.4 为载波间隔优化的结果,当载波间隔大于 5.5 GHz后 EVM(Error Vector Magnitude)损伤较小,因此这里将载波间隔定为 5.5 GHz 以获得最优的谱效率和信号质量。

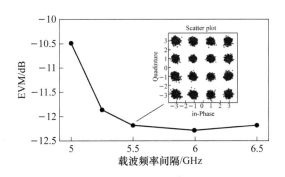

图 3.5.4　5 Gbaud 波分复用传输系统载波间隔优化结果

图 3.5.5 展示了信号背对背性能曲线。图中横轴为光信噪比,信噪比定义为信号功率 与同带宽的噪声功率的比值,实验中测量信噪比时的光谱分辨率为 0.1 nm。纵轴为误码 率。信号背对背性能反映了信号对抗高斯白噪声的能力,同时为可能的传输距离提供指 导。图中虚线为只有单波带时的结果,右侧实线为 10 波带的超级信道的结果。两条线在误 码率为 1×10^{-3} 时对应的信噪比差值为 1.3 dB,说明实验中 10 个波带以波分复用形式合成 超级信道的信噪比损伤只有 1.3 dB。插图为 27 dB OSNR 的接收信号星座图。

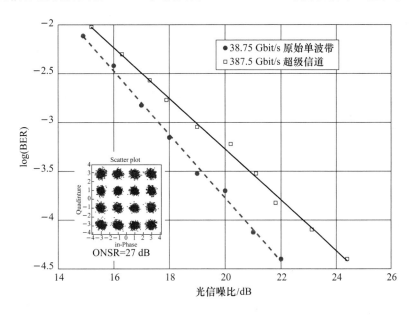

图 3.5.5　5 Gbaud 传输信号背对背性能曲线

图 3.5.6 展示了 320 km SSMF 传输后 10 个波带对应的测量误码率。传输后 10 个波 带的误码率都低于 1×10^{-3},平均误码率为 3.67×10^{-4}。

实验实现了 387.5 Gbit/s、7.05 bit/(s•Hz)数字滤波频域均衡的偏振复用 16QAM 系

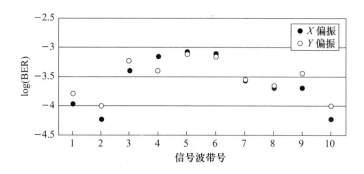

统,传输了 320 km SSMF。该系统具有较高的谱效率和较低的波分复用损伤,是优秀的现代光纤通信系统方案。

图 3.5.6　387.5 Gbit/s 波分复用传输信号 320 km SSMF 传输的测量误码率

3.5.2　1.76 Tbit/s 数字滤波频域均衡的波分复用传输系统

图 3.5.7 展示了 1.76 Tbit/s 数字滤波频域均衡的波分复用传输系统架构。本实验的目的是在考量数字滤波频域均衡波分复用传输系统可行性的同时,对比分析实际场景中均衡算法的优劣。

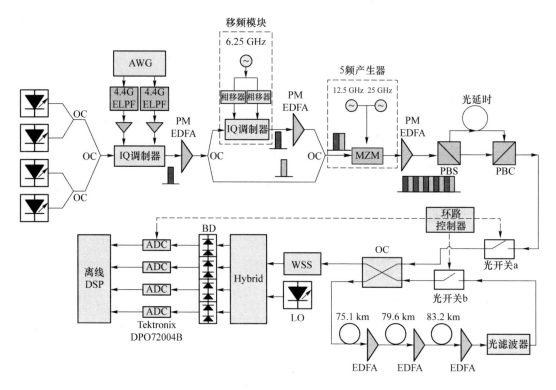

图 3.5.7　1.76 Tbit/s 数字滤波频域均衡的波分复用传输系统架构

发射端,4 个频率间隔为 62.5 GHz 的激光器由级联 OC 合波。AWG 的 DAC 使用

11.2 GSamples/s的采样率产生滚降系数为 0.07 的 5.6 Gbaud 16QAM 基带电 Nyquist 信号,防混叠 ELPF 的 3 dB 带宽为 4.4 GHz。ECL(External Cavity Laser)线宽为 100 kHz。IQ 调制器输出的 4 个波带通过单边带调制和 5 频产生器被扩展为包含 40 个波带的超级信道,波带之间间隔 6.25 GHz。传输链路为光纤环路,一环(loop)长度为 238 km,包含 3 段 EDFA 放大的约 80 km 的 SSMF。链路上没有色散补偿装置。环路中,使用光带通滤波器 (OBPF)作为环路滤波器滤除信道外累积噪声,滤波器带宽为 2.07 nm。

接收端使用 waveshaper 进行接收滤波,waveshaper 最小窗口的 3 dB 带宽约为 10 GHz,由于载波间隔为 6.25 GHz,接收波带的相邻波带也会在滤波后残留部分频谱,这可以在图 3.5.8 的滤波后光谱中看出。相干接收后,电信号波形由实时采样示波器 (Tektronix DPO72004B)以 50 GSamples/s 的采样率存储,进而进行离线接收端 DSP。收发端激光器线宽都是 100 kHz。

滤波后信号被送到相干接收机,相干接收机包含 1 个 90° 偏振复用混频器,4 对平衡检测器,4 个 50 GSamples/s 的模数转换器。接收机本振激光器线宽为 100 kHz。相干接收后,信号波形被存储下来进行离线频域均衡 DSP。

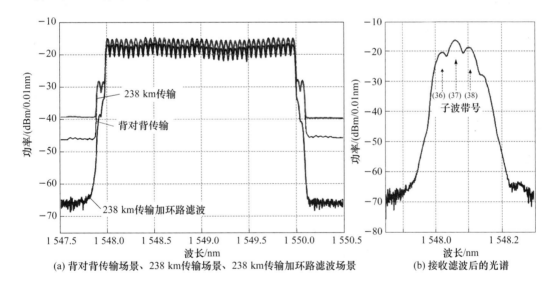

(a) 背对背传输场景、238 km传输场景、238 km传输加环路滤波场景

(b) 接收滤波后的光谱

图 3.5.8　1.76 Tbit/s 偏振复用 16QAM 信号光谱

图 3.5.8 展示了 1.76 Tbit/s 偏振复用 16QAM 信号的光谱。超级信道占 2.0 nm 带宽,每个 12.5 GHz 栅格(Grid)包含 2 个波带。为了展示频谱细节,光谱分辨率设为 0.01 nm。图 3.5.8(a)展示了背对背传输场景、238 km 传输场景和 238 km 传输加环路滤波场景的信号光谱。图 3.5.8(b)为接收滤波后的光谱,接收机处理第 37 个波带的信息,第 36 和第 38 个波带的频谱会在接收端 DSP 的数字匹配滤波中被滤除。

图 3.5.9 展示了信号帧结构,其中同步序列和训练序列结构与 387.5 Gbit/s 的系统相同,同步序列选取 63 比特 M 序列,训练序列为 127 比特的 M 序列,选取的长度不同是为了规避训练序列给同步带来的干扰。接收端,从两个偏振的每对训练序列估计出系统的传递

函数,平均 4 组估计的传递函数的幅值以降低 ASE 噪声的影响。载波相位噪声和残余的载波频偏在一对训练序列长度尺度上的漂移可忽略不计,系统传递函数估计的准确度得以保证。在信号数据中,每 63 个信号符号后插入 pilot,用于载波相位恢复,因此信号数据率为 1.76 Tbit/s(5.6 Gbaud×8 bit/Symbol×40subband×63/64),谱效率为 7.06 bit/(s•Hz)(5.6 Gbaud/6.25 GHz×8 bit/Symbol×63/64)。

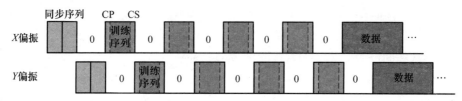

图 3.5.9　1.76 Tbit/s 波分复用传输系统信号帧结构

图 3.5.10 展示了系统的背对背性能。图中横轴为 0.1 nm 分辨率下测量的光信噪比,光信噪比在定义上与信噪比略有不同。光信噪比定义为信号功率与 12.5 GHz 带宽噪声功率的比值。通常光信噪比的测量更为便捷。图中左侧线为原始单波带,是只有一个激光器工作时调制器 1 输出的信号。右侧线为包含 40 个波带的超级信道。误码率 1×10⁻³ 对应的超级信道光信噪比为 30.5 dB,比原始单波带信号大 16.3 dB。考虑到 40 个波带理想复用的光信噪比增益为 16 dB,本实验中波分复用的信号光信噪比损伤仅有 0.3 dB。图中的插图为光信噪比为 36.3 dB 时第 37 号载波接收星座图。

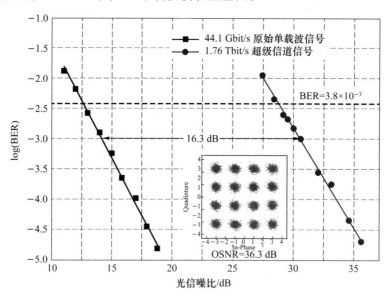

图 3.5.10　5.6 Gbaud 信号背对背性能曲线

图 3.5.11 为入纤功率优化曲线,横轴为入纤功率,纵轴为接收信号的误码率。从这张图能够得出本实验系统的最优入纤功率为 −10 dBm/subband。如果入纤功率过大,信号会受到严重的光克尔非线性影响导致畸变;入纤功率过小,信号在链路的 EDFA 中会产生更多的 ASE 噪声。图中还对比了频域估计时域均衡算法与传统时域均衡算法的性能。由于

实验中频域估计时域均衡算法与传统频域均衡算法得到的误码率非常接近，为了简洁，图中没有展示传统频域均衡算法的结果曲线。前文提到时域均衡算法容易受噪声的干扰而使算法性能降低，因此本实验选取的时域均衡算法是一种高性能但是算法时间复杂度较高的三阶时域均衡算法[207]，它包含 CMA、CMMA 和 DD-LMS 算法，这个算法达到了时域均衡算法的最高性能，更高阶的算法没有表现出更好的性能，而更低阶的算法在性能上大打折扣。从图 3.5.11 中可以看出两种均衡算法在最优入纤功率点的误码率非常接近（分别约为 0.001 4 和 0.001 3）。因此，正如前文分析，对于波分复用传输系统，频域均衡方案因具有更低的算法时间复杂度而在应用时优于时域均衡方案。

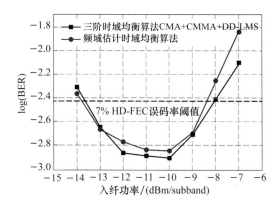

图 3.5.11　1.76 Tbit/s 波分复用传输系统入纤功率优化曲线

图 3.5.12 展示了 1.76 Tbit/s 传输信号 40 个波带以最优入纤功率在 714 km SSMF 传输后的误码率。插图为误码率最差的第 30 个波带两个偏振信号的星座图。所有波带的误码率都低于 3.8×10^{-3}，即 7％硬判决 FEC（Forward Error Correction）编码限。每个波带的误码率从 10^6 比特传输数据统计，40 个波带的平均误码率为 2.2×10^{-3}。

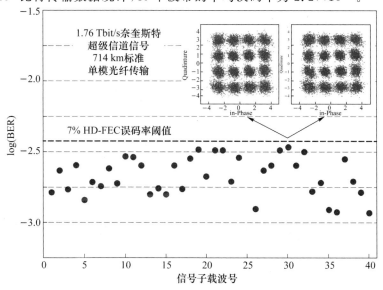

图 3.5.12　1.76 Tbit/s 传输信号 714 km SSMF 传输的测量误码率

49

实验实现了 1.76 Tbit/s、7.06 bit/(s·Hz)数字滤波频域均衡的偏振复用 16QAM 波分复用传输系统,传输了 714 km SSMF。该系统具有大容量、高谱效率和低波分复用损伤的特性,再次验证了数字滤波频域均衡波分复用传输系统的可行性。系统还对比研究了均衡算法,结果表明频域均衡方案在应用时优于时域均衡方案。

3.5.3 2.60 Tbit/s 数字滤波频域均衡的波分复用传输系统

图 3.5.13 展示了 2.60 Tbit/s 数字滤波频域均衡的波分复用传输系统架构。本实验的目的在于考量未来更大容量、更高谱效率需求下数字滤波频域均衡波分复用传输系统的可行性。

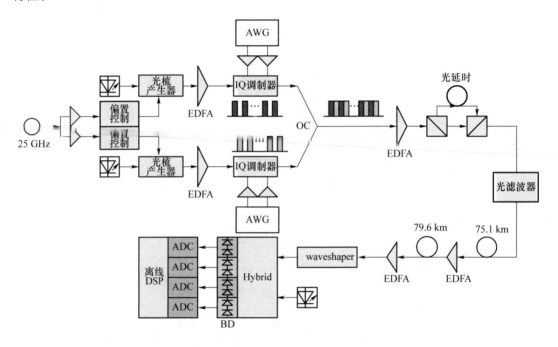

图 3.5.13   2.60 Tbit/s 数字滤波频域均衡的波分复用传输系统架构

发射端,两个频率间隔为 12.5 GHz 的激光器分别连接由 25 GHz 射频源调制的光梳产生器(OFCG,Optical Frequency Comb Generator)[228,229,254],OFCG 将单频光调制为光频率梳(光梳)。AWG 使用 12 GSamples/s 的采样率以 1.2 倍上采样技术产生滚降系数为 0.07 的 10 Gbaud 64QAM 基带电 Nyquist 信号,防混叠 ELPF 的 3 dB 带宽为 7.2 GHz。信号调制后,OC 将奇偶波带合并。偏振复用模拟后,使用 OBPF 选取光梳中心的 22 个载波进行后续的传输。于是,实验中产生了包含 22 个波带、12.5 GHz 频率间隔的 64QAM 超级信道。经过逐点搜索,最优入纤功率为 5 dBm。传输链路为 2 段光纤,每段包含约 80 km SSMF 和 EDFA。链路上没有使用色散补偿装置。

接收机使用 waveshaper 作为接收滤波器,信号在相干接收后其波形由 80 GSamples/s

的采样示波器存储,再进行离线接收端 DSP 处理。收发激光器线宽都为 100 kHz。

信号帧结构与先前工作中的信号帧结构(如图 3.5.9 所示)相似,因此信号数据率为 2.60 Tbit/s(10 Gbaud/s×2×6 bit/symbol×22subcarriers×63/64),单波带数据率高达 118.2 Gbit/s。由于使用的是偏振复用 64QAM 信号,所以谱效率高达 9.45 bit/(s•Hz) (10 Gbaud/12.5 GHz×12 bit/symbol×63/64)。

图 3.5.14 展示了 2.60 Tbit/s 偏振复用 64QAM 信号在背对背传输场景和 155 km SSMF 传输场景及接收滤波后的光谱。图 3.5.14(a)中,2.60 Tbit/s 超级信道占有 2.2 nm 带宽,每个 12.5 GHz 栅格内含有一个波带,第 11 和 12 号载波是原始激光器的波长,由于 OFCG 的调制特性,它们会比其他载波的功率略低。由于发射端 OBPF 具有一定带宽的过渡带,OBPF 输出的超级信道在边缘仍然存在两个低功率的带外信号。图 3.5.14(b)展示了第 5 个波带接收滤波后的光谱,残留的第 4、6 个波带的部分频谱会在接收 DSP 的匹配滤波中消除。

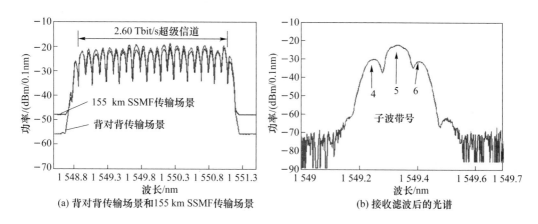

(a) 背对背传输场景和155 km SSMF传输场景   (b) 接收滤波后的光谱

图 3.5.14 2.60 Tbit/s 偏振复用 64 QAM 信号光谱

图 3.5.15(a)展示了 22 个波带信号在背对背传输场景和最优入纤功率下 155 km SSMF 传输场景的测量误码率。每个波带的误码率都是由 10^6 比特传输数据结果统计得到的。传输后每个波带的误码率都小于 $2.4×10^{-2}$,这是 20% 软判决 FEC 编码限,传输后平均误码率为 $1.1×10^{-2}$。图 3.5.15(b)展示了传输后误码率最高的第 11 号波带的接收星座图。

本实验实现了 2.60 Tbit/s、9.45 bit/(s•Hz)数字滤波频域均衡的偏振复用 64QAM 波分复用传输系统。发射端应用低上采样倍数的结构提供了尽可能高的符号速率,使得单波带数据率高达 118.2 Gbit/s。系统的载波产生应用了基于 OFCG 的相干多波长源产生技术,这是未来发射机可能采用的技术。信号传输了 155 km SSMF。该实验系统具有大容量、高谱效率和大单波带速率的特性,验证了数字滤波频域均衡波分复用传输系统在提供尽可能高的容量、谱效率、符号速率时依然能够保证足够的信号质量。

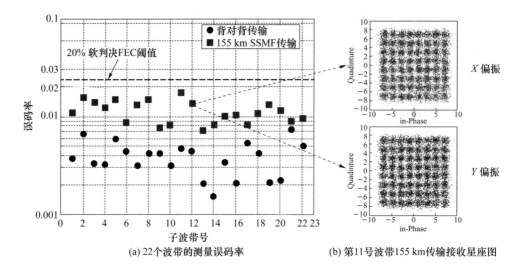

(a) 22个波带的测量误码率   (b) 第11号波带155 km传输接收星座图

图 3.5.15   2.60 Tbit/s 波分复用传输系统的测量误码率和接收星座图

3.6   本 章 小 结

本章介绍和对比分析了4种 Nyquist 信号产生方法和两种均衡方案。数字滤波频域均衡方案兼顾了系统复杂度和信号性能。针对低残留色散场景传输系统,展示了一种改进的频域均衡方案:频域估计时域均衡方案。此算法在频域进行信道估计,而在时域进行均衡,信号无须组合成块(block),相比传统的时域均衡和频域均衡,此方案同时兼顾了冗余开销、运算复杂度和性能。

为了验证数字滤波频域均衡波分复用传输系统的可行性和性能,我们实现了 387.5 Gbit/s 16QAM、1.76 Tbit/s 16QAM 和 2.60 Tbit/s 64QAM 的数字滤波频域均衡的波分复用传输实验系统,谱效率分别达到 7.05 bit/(s·Hz)、7.06 bit/(s·Hz) 和 9.45 bit/(s·Hz),在标准单模光纤上分别传输了 240 km、714 km 和 155 km。实验结果表明数字滤波频域均衡的传输系统能够实现大容量、高谱效率的目标。实验结果还表明,频域估计时域均衡算法与传统的频域均衡算法、时域均衡算法相比,具有相似的性能,而又兼具后二者的优点,即具有较低的复杂度和冗余。

第 4 章　超级信道组成技术

2015 年思科公司的统计数据表明,互联网数据流量以每年 23％的速率增长[255],这个数据在 2017 年为 24％[170],而接入互联网的设备数量也在快速增长。这对未来互联网的容量和灵活度提出了挑战。考虑到光纤的低损耗可用带宽是有限的,高谱效率、高灵活度的光超级信道就变得越来越关键。近年来,数字信号处理(DSP)与相干检测相结合的超级信道传输技术在光网络扩容中发挥着越来越重要的作用。超级信道的目标是以一种经济有效的方式提高波分复用(WDM)系统的每通道接口速率和每光纤容量。超级信道通过光学并行性绕过了电子带宽瓶颈,提升了光谱利用率,能够在透明的光网状网络中提供高速率的传输通道。

4.1　超级信道架构及原理

图 4.1.1 展示了一个典型的光网络信道架构原理图。网络通过短距离用户接口将 Internet 协议(IP)路由器连接到长距离 WDM 转发器,这些转发器在光纤上复用波长,组成一个光路由网状网络。光网络中接口速率和光纤容量扩容的关键技术就是基于相干检测的高速光波分复用收发器和先进的 DSP[132]。最新工艺的 CMOS 技术高速数模转换器(DAC)和模数转换器(ADC)能够以有效分辨率为 6 的精度产生 120 GSamples/s 的信号。集成的数字信号处理器能够达到大约 1 亿个门[256],以接近 100 tops/s 的速度运行。这两项基础硬件是现代光收发器的核心组成部分。在光纤传输网络的背景下,超级信道这个术语首先在文献[135]中被使用,指在相干光 OFDM(CO-OFDM)条件下无缝多路复用的多个单载波调制信号。超级信道的概念后来被推广为具有以下特点的光学信号的集合。

① 在一个共同的起始点调制和多路复用,具有高光谱效率(SE);

② 在一个共同的光链路上传输和路由;

③ 在一个共同的目的点接收。

为了实现高谱效率复用,超级信道通常使用 Nyquist 或准 Nyquist 脉冲信号的波分复用组成方式[18,137],它能提供一种 OFDM 的替代方案,可以在谱效率、DSP 复杂性、光电(O/E)硬件复杂性和子载波访问可能性[132]之间进行权衡。从网络的角度来看,Tbit/s 级超级信道的引入引发了对光纤频谱带宽分配的重新思考。虽然目前大多数系统运行在固定的 50 GHz 波分复用信道网格上,但 Tbit/s 级超级信道得益于所谓的灵活网格波分复用系统,可以更有效地利用光谱〔见 ITU-T G. 694. 1-2020,*Spectral Grids for WDM Applications*:*DWDM Frequency Grid*(波分复用应用频谱网格:密集波分复用频率网格)〕。

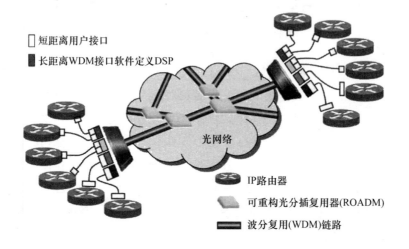

图 4.1.1　典型的光网络信道架构原理图

波分复用系统中超级信道的主要好处如下。

① 能够满足高速串行接口速率的需求,这比单路光电 O/E 转换器、电光 E/O 转换器、DAC 和 ADC 提供的速度增加得更快;

② 在波分复用传输中实现更高的谱效率;

③ 提高 DSP 的效率;

④ 更好地利用光子集成电路和专用集成电路;

⑤ 通过在发射机和接收机的 DSP 技术实现支持本地软件定义的光传输,提高系统的吞吐量和灵活性。

图 4.1.2 为 WDM 光网络中超级信道收发机的原理图。光信号的全光场信息可以分解为 4 个正交的实值分量,具体为单模光纤支持的两个正交偏振态(x 和 y)下的同相分量(I)和正交分量(Q)。在发射端,通常使用偏振分复用(PDM)I/Q 调制器将这 4 种高速电子波形调制到光载波上。接收使用经典双偏振相干接收机架构,将检测到的 4 路信号输入数字信号处理器中处理,恢复原始信号。为了避免发射机和接收机中电子和 O/E 组件的带宽瓶颈,超级信道由光并行技术产生,达到的聚合带宽远大于单个收发机组件的电带宽。从图 4.1.2 明显看出,超级信道的产生和检测可以极大地受益于光学和电子元件的大规模集成,从而在成本、尺寸和功率方面实现潜在的节约。在发射端和接收端都可以使用超级信道的所有组成部分时,可以利用联合 DSP 来提高传输性能,降低 DSP 的复杂性。

由于在发射端和接收端都能获得全光场信息,现代相干光通信得益于许多最初为无线通信而开发的强大的 DSP 技术。然而,光通信的数据速率通常比无线通信高几个数量级,需要专门为光通信定制的高效 DSP 技术,文献[257]对此描述道:"信号处理最优秀的是能成功地用数学的独特能力去概括从当前问题的物理基础上获得的洞察力和先验信息"("Signal processing is at its best when it successfully combines the unique ability of mathematics to generalize with both the insight and prior information gained from the underlying physics of the problem at hand")。对于单模光纤中的光通信,通过将缓慢变化的传输效应如色散(CD)与快速变化的效应如偏振旋转和偏振模色散(PMD)分离,可以有效地实现信道均衡。

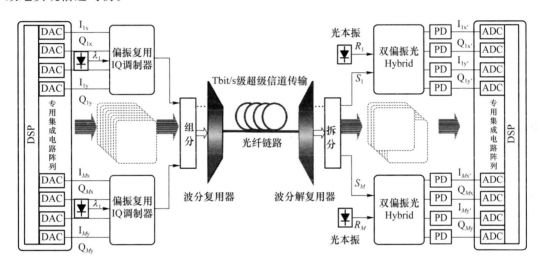

图 4.1.2　WDM 光网络中超级信道收发机的原理图

图 4.1.3 展示了超级信道发射机的关键信号处理步骤,包括前向纠错(FEC)编码、星座映射(MAP)、光纤非线性补偿(NLC)、上采样(UpS)、电域色散预补偿(EDC)、奈奎斯特波束成形,以及通过静态发射机均衡器(SEQ)均衡非理想发射机频率响应。由此产生的 4 个基带信号为 x 和 y 偏振下的 I 和 Q 分量的电信号,然后这 4 个信号被调制到高频窄线宽(线宽小于 100 kHz)激光载波上。请注意,图 4.1.3 中显示的一些发射端 DSP 模块,例如 NLC 和 EDC,可能在远程光纤传输中带来有价值的性能增益,但它们的 DSP 的复杂性可能很大。这些模块可以根据场景性能和功耗的要求选择是否开启。

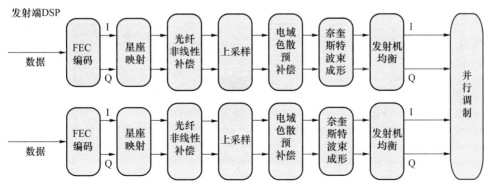

图 4.1.3　超级信道发射端案例

图 4.1.4 为超级信道接收机 DSP 的结构示意图。经过相干的 O/E 转换后,DSP 得到 4 个基带信号,分别代表 x 和 y 极化的 I 和 Q 分量。关键处理步骤包括电域色散补偿、时序误差校正(TEC)、自适应 2×2 多输入多输出(MIMO)均衡、载波频率恢复(CFR)、载波相位恢复(CPR),以及基于软判决(SD)和/或硬判决(HD)的 FEC 解码。这些技术的具体细节可参见文献[132,258]。通常,发射端 DSP 具有的潜在优势为光噪声弱和高效实现符号的采样。接收端 DSP 具有自适应、快速响应信道动态变化的潜在优势。在这种背景下,想要进行接收端到发射端的反馈会是一个困难的光学系统问题:对于长如 1 000 km 的连接,信号往返时间在 10 ms 级别以上,而信道参数的动态变化在 10 kHz 以上,这源于传输光纤的随机机械振动。由于光纤信道具有较平坦、稳定的频率响应特性,盲信道均衡和相位恢复技术被广泛应用于光相干检测[258]。对于快速信道均衡或复杂的调制格式,可以通过在数据符号流中插入训练符号(TSs)来辅助信道均衡[259]。为了高效地实现高性能 FEC 码,需要恢复调制符号的绝对相位,这可以很容易地通过导频辅助相位估计(PA-PE)[260]来实现。对于超级信道传输,一些处理模块比如 FEC 和 NLC 可以在超级信道内的多个信号上联合执行,以提高整个超级信道的性能。

图 4.1.4　超级信道接收机 DSP 的结构示意图

为了实现超级信道的光谱高效构建,需要在发射机进行光谱整形,限制每个超级信道子载波的光谱带宽等于或略高于其调制符号的速率。这是通过使用 Nyquist 脉冲成形完成的。通常,大约 0.1 的滚降系数可以在合理成形滤波器长度下实现,并且性能损失可以忽略不计。图 4.1.5 展示了 3 种不同颗粒度的超级信道架构案例。图 4.1.5 中间子图显示了 1.5 Tbit/s 速率的带保护带的 OFDM 超级信道[247]的测量光谱。它由 8 个子载波信号组成,紧密地以 5.75 bit/(s·Hz) 的净谱效率封装,每个载波使用单个激光器调制,子载波间没有相互频率锁定。发射端均衡器通常采用相对静态的均衡器。

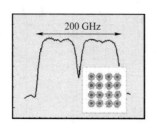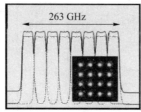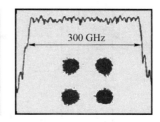

图 4.1.5　超级信道子载波颗粒度案例

通过收发机 DSP,可以通过软件控制信号的调制格式,以便根据链路条件优化系统性能。图 4.1.6 显示了通过软件控制发射机在 Tbit/s 级超级信道中产生的一些示例信号星座图。除了传统的方形 QAM,系统还可以使用新型调制格式,比如迭代极性调制(IPM)[261]和四维(4-D)调制格式[262,263],四维调制格式协同利用四个正交维度(两个极化乘以两个正交)实现。通过优化 4-D 星座整形,可以提高信号对线性噪声和非线性光纤传输损伤的容忍度。

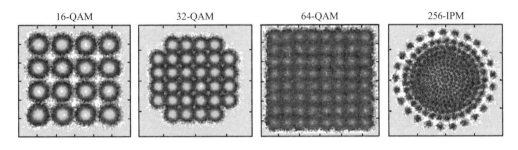

16-QAM　　　　32-QAM　　　　64-QAM　　　　256-IPM

图 4.1.6　超级信道子载波的软件定义星座图案例

由于超级信道的各子载波在传输中经过了相同的光纤传输路径,传输后的信号就具有一些共同的传输特性。因此,超级信道的一些传输特性监测可以通过只监测其中一个组成部分来简化,或者通过平均超级信道部分的信道估计结果来获得更精确的测量。例如,如果超级信道组成部分的源激光器是频率锁定的,就像 CO-OFDM 的情况,超级信道的频率估计结果在各个子载波上是一致的,就可以进行简化。由于所有子载波信号在接收端都是可用的,因此还可以采用联合 DSP 来降低信号的损伤,比如相邻信号之间的相干串扰[264]。

光纤非线性是光纤通信的主要传输障碍之一。与常见射频系统中遇到的静态非线性相反,光纤传输受到波分复用信道内和跨波分复用信道的随功率变化的相位、振幅畸变的影响,再加上色散的作用,传输信号中高达数百个符号之间的串扰会存在相关性。有关非线性的细节将在下一章具体阐述。

超级信道色散补偿技术有基于子带均衡器补偿技术[265]和基于滤波器组的数字子带补偿技术[266]。该方法将一个超级信道划分为多个子频带,每个子频带分别进行色散补偿,以达到更高的 DSP 效率和更易于并行化的目的。如前所述,使用所有超级信道子载波的联合 FEC 可以实现额外的性能改进。文献[267]使用通过两个 PDM-QPSK 信道(间隔为 200 GHz)编码实现的相干收发机,与没有联合 FEC 处理的收发机相比,可以减少由于偏振模色散和偏振相关损耗造成的传输损失。在当今的波分复用传输实验中,短波长信道的性能不如长波长信道,利用长波长信道和短波长信道的联合 FEC 处理也能获得解调性能的提升[263]。并行处理还有一个优势在于光非线性抑制。由于超级信道技术的接收端带宽较大,接收机对光纤中的信号信息了解就更为充分,统筹所有子载波信号进行的联合非线性补偿 DSP 就能够有效提升系统传输性能。同时,子载波带宽对非线性的严重程度也是有影响的,因为这涉及光纤中信道内非线性和信道间非线性的强度关系,即便不做任何非线性补偿,只进行对子载波带宽的优化也能获得更高的非线性传输性能。与超级信道传输的情况类似,联合 DSP 也可以应用于空分复用传输的情况,以有效地补偿所涉及的空间模式共同的传输损伤[186]。

4.2　OBM-OQAM 超级信道方案及其原理

图 4.2.1 展示了当前高谱效率的各种光超级信道方案。如前文所述,通常有两种增加谱效率的方式。一是使用高阶调制格式比如 QPSK 或更高阶的 M-QAM[205,268,269],然而调制格式的选择受到信号信噪比的限制。二是使用 Nyquist 脉冲或者 OFDM 这种具有最优谱利用率的调制方式,如图 4.2.1(a)～(c)所示。在频谱上以 WDM 方式组合多个高阶调制的 Nyquist 波带或者 OFDM 信号能够获得大容量、高谱效率的超级信道。比如,文献[270]完成了 370 个波带 101.7 Tbit/s、11 bit/(s•Hz)128QAM OFDM-WDM 信号的 165 km SSMF 传输;文献[207]完成了 640 个 Nyquist 波带 64 Tbit/s、8 bit/(s•Hz)320 km 的 ULAF 传输;文献[271]完成了 107 Gbit/s 正交波带复用(OBM)OFDM 超级信道,其中 OFDM 波带之间也满足正交条件,但是仍然需要保护边带以降低相邻载波相位噪声引起的载波间串扰,保护边带的带宽为子载波间隔的整数倍,如图 4.2.1(c)所示。这些超级信道在实际应用中,发射端每个波带的调制都需要一个独立的调制器和对应的激光器。如果超级信道的频谱颗粒度需求发生改变,对应的发射端结构也需要改动,于是在颗粒度缩小的过程中,这些超级信道将面临成本问题。比如,如果每个波带的符号速率降低为 $1/N$,而超级信道的容量和总带宽保持不变,波带的数量将会变成 N 倍,这意味着系统需要 N 倍的调制器-激光器模组。文献[272]实现了全光 26 Tbit/s、5 bit/(s•Hz)OFDM 信号,发射端用单个激光器通过光频率梳提供了调制器所需的所有 75 个光载波,然而每个子载波信号的调制仍然需要一个对应的调制器。

为了提升系统的灵活度,我们提出了基于 Nyquist 脉冲信号的新型超级信道方案——正交波带复用偏移正交振幅调制(OBM-OQAM, Orthogonal-Band-Multiplexed Offset-QAM)超级信道。多载波偏移 QAM(MC-OQAM)信号〔图 4.2.1(d)〕也能提供高谱效率。MC-OQAM 最初作为一种并行数据传输方案被提出[166],近期被引入相干光通信作为一种高谱利用率的波带方案,其载波间隔等于符号速率[273~276]。通过使用平方根升余弦脉冲成形,并且在奇/偶波带信号的同相/正交分量引入半符号周期的时延,得到的信号相邻波带尽管频谱重叠,但是在最优采样时刻不会引入串扰。文献[275,276]完成了电正交 MC-OQAM 信号的产生与检测,文献中若干个高谱效率的电波带由单个信号源产生,特别是文献[275]中实现了 224 Gbit/s PDM-16QAM MC-OQAM 信号的实时发射机。MC-OQAM 信号不仅继承了 Nyquist 脉冲信号的性能[273,276],还提供了一种组成高谱效率多波带信号的新方式。然而由于 DAC 存在电带宽瓶颈,电正交 MC-OQAM 信号无法做到大带宽,提供大容量。

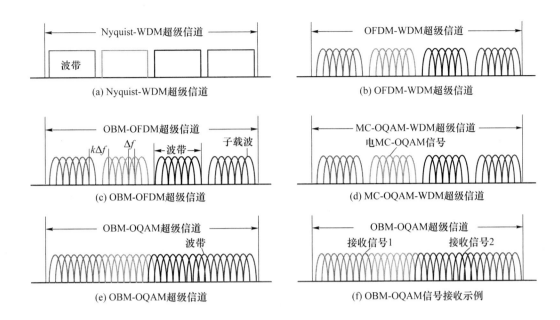

图 4.2.1 光超级信道方案

图 4.2.1(e)为提出的 OBM-OQAM 超级信道。OBM-OQAM 超级信道由多个波带组构成,每个波带组由一个电 MC-OQAM 信号调制而成,提供了带宽相等的可变符号速率的多个高谱效率波带。超级信道中没有使用保护边带。如图 4.2.1(f)所示,单个接收机能够完成任意波带的单独解调,或者若干个连续波带的并行解调。如果接收机带宽足够大,超级信道的全波带接收也能在单个接收机里以低复杂度完成,不需要各个波带并行单独处理。

图 4.2.2(a)展示了 OBM-OQAM 发射端方案。多个光载波通过一个光梳由一个激光器产生。使用波长选择开关(WSS,Wavelength-Selective Switch)分离光载波后,每个光载波由同一个 DAC 产生的若干个电正交 MC-OQAM 波带调制,然后使用级联 OC 合并所有波带组,这样就产生了一个 OBM-OQAM 超级信道。相邻波带间隔为 $\Delta f = 1/T_S = R_S$,无论它们是否源自同一个调制模块,其中 T_S 为符号周期,R_S 为符号速率。电 MC-OQAM 信号的产生如图 4.2.2(b)所示。信号在成形时奇/偶波带的同相/正交分量引入了半符号时延,$h(t)$ 是脉冲成形滤波器的冲激响应,$h(t-T_S/2)$ 在脉冲成形基础上引入半符号延时。信号成形后乘以 $\exp(j\varphi_n)$,波带就被上变频,其中 $\varphi_n = n(2\pi t/T_S + \pi/2)$。

图 4.2.2(a)中,标记第 m 个调制模块分支上第 n 个波带的信号符号为 $x_{m,n}(k)$:

$$x_{m,n}(k) = a_{m,n}(k) + j b_{m,n}(k) \tag{4.1}$$

如果超级信道的载波有相同的初相 φ_0,输出波形能写为:

$$
\begin{aligned}
s(t) &= \sum_{m=1}^{M} s_m(t) \\
&= \sum_{m=1}^{M} \sum_{n=1}^{N} \sum_{k=-\infty}^{\infty} \Big[a_{m,n}(k) h(t-kT_S) + \\
&\quad j b_{m,n}(k) h\Big(t-kT_S-\frac{T_S}{2}\Big)\Big] \cdot \exp(j(\varphi_{m,n}+\varphi_0))
\end{aligned}
\tag{4.2}
$$

其中

$$\varphi_{m,n} = \omega_0 t + l_{m,n} \cdot \left(\frac{2\pi t}{T_S} + \frac{\pi}{2} \right) \tag{4.3}$$

$$l_{m,n} = (m-1) \cdot N + n \tag{4.4}$$

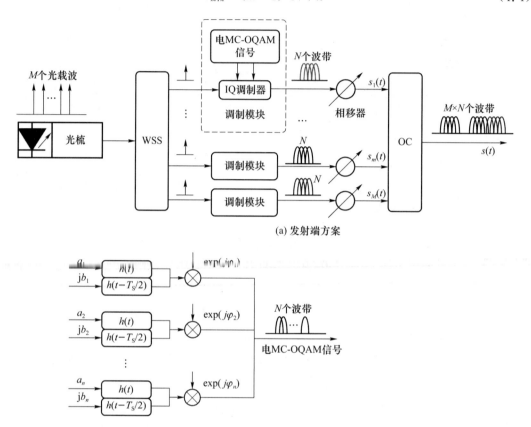

(a) 发射端方案

(b) 电MC-OQAM信号产生

图 4.2.2 OBM-OQAM 发射端方案

光梳用于产生等间隔的光载波,在实际应用中,每个光载波对应一个独立的调制模块。N 为一个电 MC-OQAM 信号的波带数。电 MC-OQAM 信号的带宽受调制器带宽和对应 DAC 带宽限制。在发射端,一个光梳和 M 个调制器产生 $M \times N$ 个波带。调制器的数量比相同波带数的 OFDM-WDM 方案、Nyquist-WDM 方案少很多。对于 OBM-OQAM 超级信道,为了保证正交性,每个波带的带宽应当相等。因此超级信道的带宽为 $B_{Superchannel} = MNB_1$,其中 $B_1 = \Delta f = 1/T_S$,B_1 为系统需求的频谱颗粒度。如果 $B_{Superchannel}$ 保持不变,电 MC-OQAM 信道带宽 NB_1 越大,需要的调制模块就越少。通常,电 MC-OQAM 信号的产生由 DSP 算法实现,在发射端硬件中,可以通过配置 DSP 算法的参数来直接改变波带数 N 及波带带宽 B_1。因此 OBM-OQAM 超级信道的优点为:在不改变系统硬件结构的条件下提供了可变数量和符号速率的波带,这使系统变得更灵活、更低成本。

图 4.2.3 为 OBM-OQAM 接收端方案。如图 4.2.3(a)所示,在接收端 OBM-OQAM 信号解调后同相/正交分量分别进行对应的匹配滤波。滤波后信号以 $1/T_S$ 频率采样判决。输出的第 m 个调制模块分支上第 n 个波带的信号符号 $r_{m,n}(k)$ 表述为:

$$r_{m,n}(k) = \tilde{a}_{m,n}(k) + \mathrm{j}\tilde{b}_{m,n}(k) \tag{4.5}$$

这里 $\tilde{a}_{m,n}(k)$ 和 $\tilde{b}_{m,n}(k)$ 各为第 k 个符号的实部和虚部。因此有

$$\tilde{a}_{m,n}(k) = h(-\tau) \otimes \mathrm{Re}(s(\tau)\exp(-j\varphi_{m,n} - j\varphi_0))\big|_{\tau=kT_S}$$

$$= \sum_{m'=1}^{M}\sum_{n'=1}^{N_{m'}}\sum_{k'=-\infty}^{\infty}\int_{-\infty}^{\infty} h(kT_S-t)\cdot\left\{a_{m',n'}(k)h(t-k'T_S)\cos\left[(l'_{m,n}-l_{m,n})\left(\frac{2\pi t}{T_S}+\frac{\pi}{2}\right)\right]-\right.$$

$$\left. b_{m',n'}(k)h\left(t-k'T_S-\frac{T_S}{2}\right)\sin\left[(l'_{m,n}-l_{m,n})\left(\frac{2\pi t}{T_S}+\frac{\pi}{2}\right)\right]\right\}\mathrm{d}t \tag{4.6}$$

和

$$\tilde{b}_{m,n}(k) = h\left(-\tau-\frac{T_S}{2}\right)\otimes \mathrm{Im}(s(\tau)\exp(-j\varphi_{m,n}-j\varphi_0))\big|_{\tau=kT_S}$$

$$= \sum_{m'=1}^{M}\sum_{n'=1}^{N_{m'}}\sum_{k'=-\infty}^{\infty}\int_{-\infty}^{\infty} h\left(kT_S-\frac{T_S}{2}-t\right)\cdot$$

$$\left\{a_{m',n'}(k)h(t-k'T_S)\sin\left[(l'_{m,n}-l_{m,n})\left(\frac{2\pi t}{T_S}+\frac{\pi}{2}\right)\right]+\right.$$

$$\left. b_{m',n'}(k)h\left(t-k'T_S-\frac{T_S}{2}\right)\cos\left[(l'_{m,n}-l_{m,n})\left(\frac{2\pi t}{T_S}+\frac{\pi}{2}\right)\right]\right\}\mathrm{d}t \tag{4.7}$$

如果 $h(t)$ 满足式(4.9)~式(4.12),则

$$\tilde{a}_{m,n}(k) = a_{m,n}(k), \quad \tilde{b}_{m,n}(k) = b_{m,n}(k) \tag{4.8}$$

式(4.9)~式(4.12)表述为:

$$\int_{-\infty}^{\infty} h(t-k'T_S)h(kT_S-t)\cos\left((l'_{m,n}-l_{m,n})\left(\frac{2\pi t}{T_S}+\frac{\pi}{2}\right)\right)\mathrm{d}t = \delta(l'_{m,n}-l_{m,n},k'-k) \tag{4.9}$$

$$\int_{-\infty}^{\infty} h\left(t-k'T_S-\frac{T_S}{2}\right)h(kT_S-t)\sin\left((l'_{m,n}-l_{m,n})\left(\frac{2\pi t}{T_S}+\frac{\pi}{2}\right)\right)\mathrm{d}t = 0 \tag{4.10}$$

$$\int_{-\infty}^{\infty} h(t-k'T_S)h\left(kT_S-\frac{T_S}{2}-t\right)\sin\left((l'_{m,n}-l_{m,n})\left(\frac{2\pi t}{T_S}+\frac{\pi}{2}\right)\right)\mathrm{d}t = 0 \tag{4.11}$$

$$\int_{-\infty}^{\infty} h\left(t-k'T_S-\frac{T_S}{2}\right)h\left(kT_S-\frac{T_S}{2}-t\right)\cos\left((l'_{m,n}-l_{m,n})\left(\frac{2\pi t}{T_S}+\frac{\pi}{2}\right)\right)\mathrm{d}t$$

$$= \delta(l'_{m,n}-l_{m,n},k'-k) \tag{4.12}$$

值得注意的是,OBM-OQAM 信号波形表达式(4.2)和接收原理与 OFDM/OQAM 信号相同[277,278],因此如图 4.2.3(b)所示,OBM-OQAM 超级信道能被 OFDM/OQAM 接收机解调。也可以使用单波带 MC-OQAM 接收方案检测 OBM-OQAM 单个波带信号或者多个波带并行检测,如图 4.2.3(c)所示。总之,如果接收机带宽能覆盖整个超级信道,就能完

成任意波带的单独检测、连续波带的并行检测和整个超级信道的集中检测。

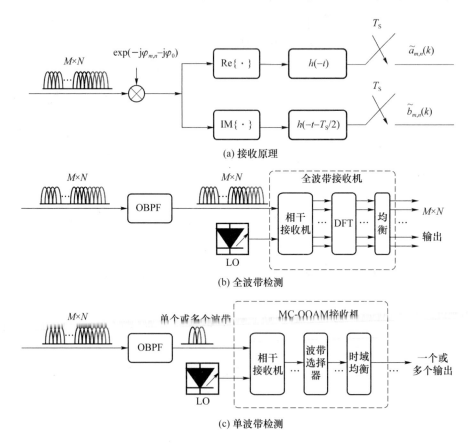

(a) 接收原理

(b) 全波带检测

(c) 单波带检测

图 4.2.3　OBM-OQAM 接收端方案

4.3　OBM-OQAM 超级信道传输实验

本节的内容为搭建 OBM-OQAM 传输系统,以验证 OBM-OQAM 超级信道的可行性。

图 4.3.1 展示了 OBM-OQAM 超级信道的产生、传输与相干检测。发射端的光频率产生器(OFG,Optical Frequency Generator)由铌酸锂(LiNbO$_3$)相位调制器表面镀高反射膜而得[228,229],加载 5 GHz 射频信号后,组成了光频率梳产生器(OFCG,Optical Frequency Comb Generator),用以生成平滑、宽带、稳定、已知相位的光梳,生成的光梳光谱如图 4.3.2(a)所示,为了看清光谱细节,图 4.3.2 的所有光谱图分辨率都为 0.02 nm。图 4.3.1 中的插图展示了文献[229]阐述的光梳各载波的相位。光梳右半侧具有相同的初相,满足 OBM-OQAM 超级信道的要求。OFCG 产生的多载波通过 Finisar waveshaper 选取了第 1～20 号载波并均衡其光功率,选取过程的光谱如图 4.3.2(b)所示,单峰实线为 ECL 激光器光谱,呈现出单个光载波;OFCG 输出的光梳光谱经 waveshaper 滤波选取出第 1～20 号载波的光谱,由于 waveshaper 过渡带较大,通带之外边缘载波也被部分地滤出。OFCG 的输入光源 ECL

有约 5 kHz 的线宽。任意波形发生器（AWG）以 10 GSamples/s 的采样率产生了两个不相关的 2.5 Gbaud 电 MC-OQAM 波带。数据调制格式为 16QAM,成形滤波使用滚降系数 0.5 的升余弦滤波器来进行,防混叠 ELPF 的 3 dB 带宽为 4.4 GHz。因此 IQ 调制器（IQ modulator）中每个光载波调制了两个不相关的 MC-OQAM 波带。于是,发射端产生了一个具有 100 GHz 带宽、40 个波带、400 Gbit/s 数据率的单偏振 16QAM OBM-OQAM 超级信道。数据中奇/偶波带的同相/正交分量具有半符号周期延时,因此相邻波带是正交的,即使它们来自不同的光载波。传输链路包含 5 段约 80 km 只有 EDFA 放大的 SSMF,链路中没有使用色散补偿装置。为了简化结构,这里使用了单个 IQ 调制器模拟如图 4.2.2(a)所示的并行调制结构。由于相邻波带的数据是不相关的,这样的简化不会影响最终的结果。

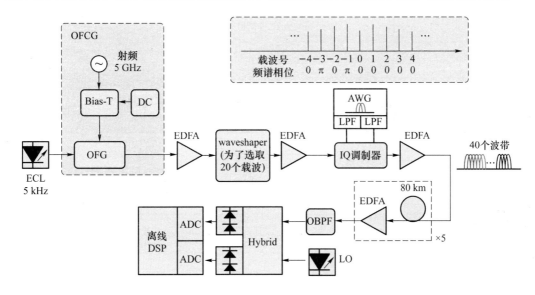

图 4.3.1　OBM-OQAM 超级信道传输实验框图

　　图 4.3.2(c)展示了超级信道信号的光谱,背对背场景 OSNR 较高,400 km SSMF 传输后 OSNR 降低,OBPF 滤波后选取 1 个波带(连带上邻近波带)进行接收。图中 40 个波带等间隔排列。然而它们的频谱不是平坦的,这对应于 AWG 的 DAC 的频率响应,每个光谱"峰"包含了由两个波带调制的一个光载波。超级信道占了 100 GHz 带宽,对于现有的接收机而言,这个带宽太大,无法进行全波带检测。因此这里采用了图 4.3.2(c)的单波带检测方案。在接收端,使用 OBPF 作为接收滤波器选取接收波带,由于波带之间是混叠的,相邻波带的部分光谱也会被选取出来。相干接收机由 90°混频器、约 100 kHz 线宽的光本振（LO）、两对平衡检测器（BD）组成。实时采样示波器以 50 GSamples/s 速率对信号波形进行采样存储,再进行接收端离线 DSP。

　　图 4.3.3(a)展示了发射端 DSP 流程。在发射端,信号数据首先进行 16QAM 映射,再组合成帧。2×m（m 为 AWG 产生的波带数）倍上采样后,奇/偶波带数据的同相/正交分量进行半符号周期时延。成形滤波使用 RRC 滤波器。上变频操作使波带在频域以符号速率

间隔排列。图 4.3.3(b)展示了信号的帧结构。帧头插入两个 255 比特的 M 序列用于同步。这里使用 N 比特的 Chu 序列作为训练序列,其中 $Chu(n) = \exp(j\pi n^2/N), n = 1, 2, \cdots, N$,本实验中 $N = 256$。

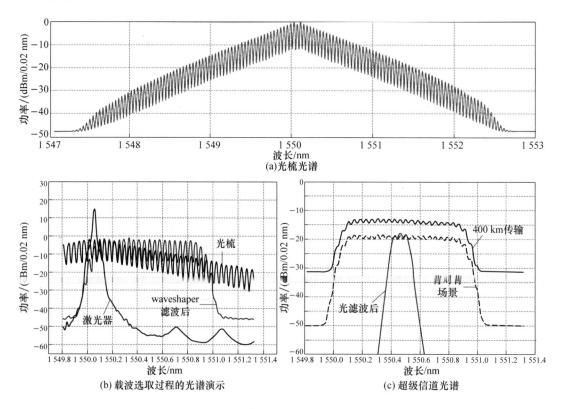

(a)光梳光谱

(b)载波选取过程的光谱演示

(c)超级信道光谱

图 4.3.2 超级信道传输实验测量光谱

图 4.3.4(a)展示了接收端 DSP 的流程。移频器用于在并行接收处理时选取对应解调波带。然后算法依次执行色散补偿、粗载波频率恢复、接收匹配滤波、符号同步和重采样,算法细节与第 3 章的 Nyquist-WDM 系统相同。细载波频率恢复通过计算训练序列的平均相位增量完成。值得注意的是,相位噪声会影响 OQAM 信号的信道估计,反过来,未均衡信号的相位噪声移除又会很困难,因此接收算法使用了新的均衡算法结构,均衡前应用了相位追踪的功能,如图 4.3.4(b)所示。图 4.3.4(b)中信号在均衡前被复制为 5 份,分别在相位上偏转 $\varphi + 2\Delta\varphi, \varphi + \Delta\varphi, \varphi, \varphi - \Delta\varphi, \varphi - 2\Delta\varphi$ 度,然后在每个分支都进行 DDLMS 算法或者基于训练序列的 LMS 算法。ε_n 是计算的星座图偏差量。每隔 M 个符号,算法根据综合的 ε_n 结果自适应更新一次 φ 和 $\Delta\varphi$。实验中 $M = 8$,初始化 $\varphi = 0°, \Delta\varphi = 10°$。在 $\Delta\varphi$ 的更新操作中,如果 ε_1 或者 ε_5 为 ε_n 之中的最小值,$\Delta\varphi$ 将被增大;如果 ε_3 为最小值,$\Delta\varphi$ 将被缩小。这个操作被表述为:第 p 块 MSE 估计后 $\varphi_p = \varphi_{p-1} + \Delta\varphi_{p-1} \cdot (\arg\min_n \varepsilon_{n,p-1} - 3)$。在 DDLMS 算法和 TS-based LMS 算法中,线性均衡器抽头以 $T_S = 2$ 为间隔,接收数据信息 $z(k)$ 为 $z(k) = \mathrm{Re}(\boldsymbol{r}_1(k) \cdot \boldsymbol{w}_k) + j\mathrm{Im}(\boldsymbol{r}_2(k) \cdot \boldsymbol{w}_k)$,其中 $\boldsymbol{w}_k$ 为均衡器抽头系数[273],$\boldsymbol{r}_1(k)$ 和 $\boldsymbol{r}_2(k)$ 分别是第 k 个符号从奇数采样和偶数采样开始的信号采样向量。均衡器抽头系数 $\boldsymbol{w}_k$

由 $\boldsymbol{w}_k = \boldsymbol{w}_{k-1} + \mu(\mathrm{Re}(\varepsilon(k))\boldsymbol{r}_1^*(k) + \mathrm{j}\cdot\mathrm{Im}(\varepsilon(k))\boldsymbol{r}_2^*(k))$ 更新,其中 μ 是更新系数。

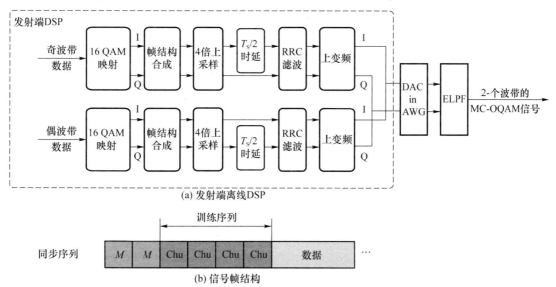

(a) 发射端离线DSP

(b) 信号帧结构

图 4.3.3 发射端离线 DSP 和信号帧结构

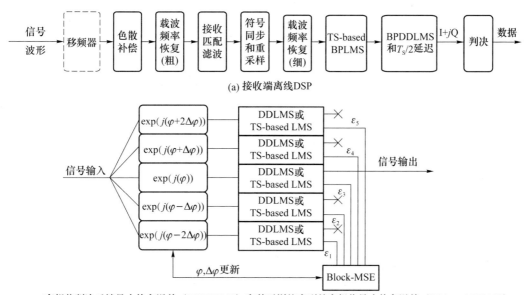

(a) 接收端离线DSP

(b) 盲相位判决反馈最小均方误差(BPDDLMS)和基于训练序列的盲相位最小均方误差(TS-based BPLMS)

图 4.3.4 接收端离线 DSP 与盲相位判决反馈最小均方误差(BPDDLMS)和
基于训练序列的盲相位最小均方误差(TS-based BPLMS)

图 4.3.5 展示了超级信道和双波带信号的背对背性能。横轴 OSNR 的测量在 0.1 nm 分辨率下进行。移除 OFCG 和 waveshaper 后能得到原始的双波带信号。从两个波带到 40 个波带的理想 OSNR 增益为 13 dB[$10\times\lg(40(\mathrm{subband})/2(\mathrm{subband}))=13$]。在实验中,误码率 3.8×10^{-3} 对应的超级信道 OSNR 为 27 dB,比原始双载波大 16 dB,表明本实验的

100 GHz 16QAM OBM-OQAM 超级信道具有约 3 dB 的合波开销。

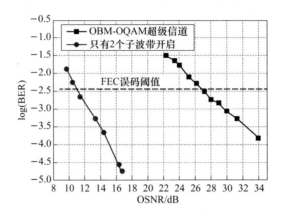

图 4.3.5 超级信道和双波带信号的背对背性能

图 4.3.6 展示了超级信道的入纤功率优化曲线。图中横轴为超级信道的入纤功率,纵轴为 400 km SSMF 传输后第 21 个波带的误码率。超级信道最优入纤功率为 0 dBm。图 4.3.7 为超级信道以最优入纤功率 400 km SSMF 传输后所有 40 个波带的误码率,插图为第 20 个波带的星座图,它具有最大的误码率。每个波带的误码率都低于 3.8×10^{-3},这是 7% HD-FEC 阈值。每个波带的误码率测量都从 4×10^5 比特数据中统计,超级信道的平均误码率为 2.1×10^{-3}。

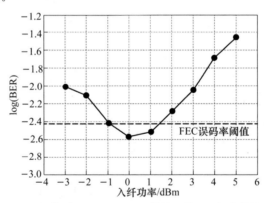

图 4.3.6 超级信道 400 km SSMF 传输后第 21 个波带的误码率

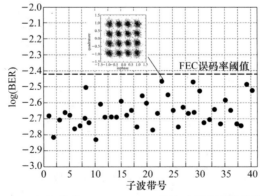

图 4.3.7 超级信道 400 km SSMF 传输后所有波带的误码率

4.4 OBM-OQAM 均衡方案研究

由于 OQAM 系统具有特殊性,其均衡性能与传统传输性能具有一定的差别,本节研究 OQAM 系统的时域均衡与频域均衡性能。

4.4.1 OQAM 系统时域均衡方案性能研究

OBM-OQAM 信号在同相分量和正交分量之间有半个符号持续时间的时间偏移。尽管有重叠的频谱,但是 OQAM 子载波可以以符号速率间隔,并且由于其固有的正交性条件,不会导致载波间干扰(ICI)。然而,信号上的相移很容易打破正交性条件,导致星座旋转和 ICI。对于时域均衡,恒模算法(CMA)、多模算法(MMA)和判决反馈最小均方(DD-LMS)等典型均衡算法由于 ICI 的存在而不适用。为了解决这一问题,采用时域的相位校正均衡器(phase-corrected equalizer),该均衡器在均衡前应用载波相位恢复(CPR)。相位校正均衡器具有与盲相位搜索算法相似的结构,但是用时域均衡器代替了它的决策模块。因此,相位校正均衡器方案对每个相位搜索分支都要求具有一个时域均衡器,具有一定的计算复杂度。本节中我们提出了一种用于偏振复用 OBM-OQAM 系统的数据辅助时域均衡器(DATDE)方案。该方案只需要一个子载波均衡器。因此,与相位校正均衡器相比,它具有较低的计算复杂度。

图 4.4.1(a)为 DATDE 的框架结构。每个子载波的前导序列包括同步序列和训练序列。同步序列采用重复的 15 符号伪随机二进制序列(PRBS)。为了提高同步性能,采用了时域交叉的方法。训练序列(TS)为重复的等幅零自相关(CAZAC)序列。在图 4.4.1(a)中,渐变阴影块表示单个 CAZAC 序列。Y 偏振的 TS 是 X 偏振 TS 的副本,时移了 CAZAC 序列长度的一半。为了对 TS 解相关,奇子载波和偶子载波的 CAZAC 序列具有不同的时移。有效载荷数据(payload data)是 OQAM 调制的。图 4.4.1(b)是接收多个 OQAM 子载波的接收机数字信号处理(DSP)的框图。载波频率恢复采用盲频偏估计器。子载波解复用通过 RRC 滤波器进行。下采样到每个符号 2 个采样后,利用同步序列进行接收信号的粗同步,然后使用 DATDE 对信号进行进一步处理。反向时间偏移在判决之前执行。DATDE 的工作流程如图 4.4.1(c)所示。信号均衡在载波相位恢复前执行。DATDE 有两种工作模式,即训练模式和跟踪模式。训练模式使用 TS 实现滤波器抽头的快速收敛,而跟踪模式对有效载荷信号进行相位噪声相关的自适应均衡。在载波相位恢复前取出 TS。在载波相位恢复中,有效载荷数据的误差是直接判决计算的。第 k 个符号的过滤器更新过程表述为:

$$w(k)=\begin{pmatrix} w_{xx}(k) & w_{xy}(k) \\ w_{yx}(k) & w_{yy}(k) \end{pmatrix}$$

(4.13)

$$
\begin{cases}
\boldsymbol{w}_{xx}(k+1)=\boldsymbol{w}_{xx}(k)+\mu(\mathrm{Re}(\varepsilon_x(k))\mathrm{e}^{-j\varphi_x}\boldsymbol{r}_{x1}^*(k)+\mathrm{j}\cdot\mathrm{Im}(\varepsilon_x(k))\mathrm{e}^{-j\varphi_x}\boldsymbol{r}_{x2}^*(k)) \\
\boldsymbol{w}_{xy}(k+1)=\boldsymbol{w}_{xy}(k)+\mu(\mathrm{Re}(\varepsilon_x(k))\mathrm{e}^{-j\varphi_y}\boldsymbol{r}_{y1}^*(k)+\mathrm{j}\cdot\mathrm{Im}(\varepsilon_x(k))\mathrm{e}^{-j\varphi_y}\boldsymbol{r}_{y2}^*(k)) \\
\boldsymbol{w}_{yx}(k+1)=\boldsymbol{w}_{yx}(k)+\mu(\mathrm{Re}(\varepsilon_y(k))\mathrm{e}^{-j\varphi_x}\boldsymbol{r}_{x1}^*(k)+\mathrm{j}\cdot\mathrm{Im}(\varepsilon_y(k))\mathrm{e}^{-j\varphi_x}\boldsymbol{r}_{x2}^*(k)) \\
\boldsymbol{w}_{yy}(k+1)=\boldsymbol{w}_{yy}(k)+\mu(\mathrm{Re}(\varepsilon_y(k))\mathrm{e}^{-j\varphi_y}\boldsymbol{r}_{y1}^*(k)+\mathrm{j}\cdot\mathrm{Im}(\varepsilon_y(k))\mathrm{e}^{-j\varphi_y}\boldsymbol{r}_{y2}^*(k))
\end{cases}
\quad (4.14)
$$

其中 μ 为更新步长。$\boldsymbol{r}_1^*(k)$ 和 $\boldsymbol{r}_2^*(k)$ 为以偶数和奇数样本开始的第 k 个符号的输入样本向量。信号误差 $\varepsilon(k)$ 包括载波内码间干扰(ISI)和邻近子载波的 ICI 效应。由于在式(4.14)中也涉及 ICI,在两种模式下均衡器都可以收敛到无 ICI 的滤波器时的抽头配置。与相位校正均衡器相比,DATDE 在载波相位恢复之前进行均衡。由于每个子载波只需要一个时域均衡器,因此 DATDE 方案的计算复杂度大大地降低。

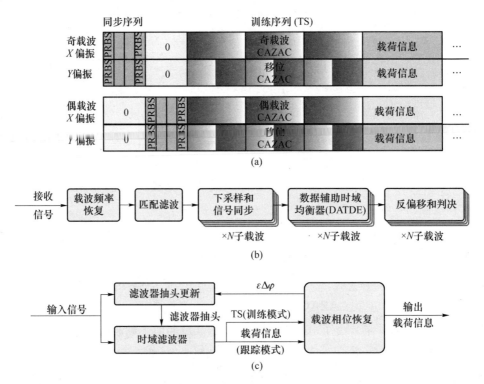

图 4.4.1　OBM-OQAM 系统的数据辅助时域均衡器(DATDE)方案

我们对一个包含 8 个子载波的 PDM OBM-16OQAM 信号进行了仿真模拟。每个子载波的符号速率为 5 Gbaud。RRC 滤波器的滚降系数设置为 0.5。载波相位恢复使用盲相位搜索(BPS)。该仿真对比了 DATDE 和相位校正均衡器对 ASE 噪声、色散(CD)、激光线宽和偏振旋转频率的容错性。

利用训练数据对相位校正均衡器的滤波器进行抽头更新,更新步长系数为 $\mu=1\times10^{-3}$。在对载荷数据进行均衡时,将步长设置为 $\mu=5\times10^{-5}$。两个步长不一样是因为训练时基于已知序列,收敛信息准确,因此使用大步长来加速收敛,而当载荷数据均衡时,收敛信息具有一定的偏差,使用小步长来保证均衡器具有一定的跟踪性能即可。

图 4.4.2 展示了 DATDE 和相位校正均衡器仿真模拟的背对背误码率随光信噪比（OSNR）变化的函数。仿真在接收前加载加性高斯白噪声（AWGN）以模拟真实传输中的放大器 ASE 噪声。DATDE 和相位校正均衡器的结果显示了几乎可以忽略的信噪比损伤。

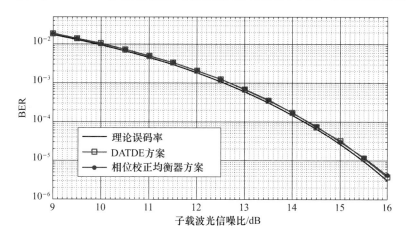

图 4.4.2　DATDE 方案和相位校正均衡器方案的误码率性能

图 4.4.3 展示了在每子载波 12.56 dB 的信噪比、色散值 10^4 ps/nm、线宽为 $\Delta v = 0$ kHz 的情况下，误码率与训练符号数的函数关系。所考虑的信噪比的理论误码率限是 1×10^{-3}，并以虚线表示。为了在训练模式下具有较快的收敛速度，DATDE 使用从 $\mu_{max} = 3 \times 10^{-3}$ 到 $\mu_{min} = 2 \times 10^{-4}$ 的步长。在跟踪模式下，步长固定为 $\mu = 5 \times 10^{-5}$。圆圈实线和 X 标记实线分别显示了 DATDE 方案在单子载波场景和 8 子载波场景下的结果。请注意，在单子载波情况下，没有 ICI。多载波场景下的滤波器抽头更新收敛速度与单子载波场景下相同。点实线表示多载波场景下的相位校正均衡器的结果。所需的 TS 长度与 OSNR 有关。每个子载波在 OSNR 为 12.56 dB 时，DATDE 所需的 TS 长度大约为 1.3×10^4 个符号，而相位校正均衡器需要 2.1×10^4 个符号。仿真结果表明，DATDE 实现滤波器抽头的收敛需要的 TS 长度更短。

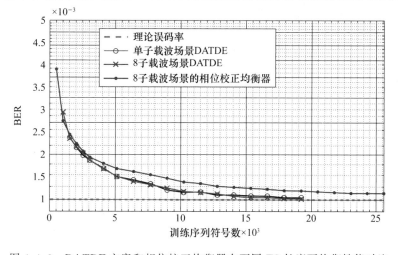

图 4.4.3　DATDE 方案和相位校正均衡器在不同 TS 长度下均衡性能对比

图 4.4.4 展示了激光器线宽会造成的信噪比损伤。激光器线宽容忍度与信号本身的符号速率也有关系,因此激光器线宽影响需要更泛化地表征为线宽与符号速率的乘积 $\Delta v \cdot T_S$。图中纵轴为误码率 1×10^{-3} 下收敛时的 OSNR 相较于 0 线宽场景的损伤。盲相位搜索(BPS)的块长度此时优化为 16 个符号,这个块的长度需要在相位噪声和 ASE 噪声容忍度之间平衡。较大的块长度降低了相位噪声的容忍度,较小的块长度由于 ASE 噪声的影响,相位噪声的估计较差。两种方案的 BPS 算法都使用了 41 个测试相位。作为参考,方块实线显示了与 DATDE 相同 BPS 配置的单载波 PDM-16QAM 的结果。与单载波接收机相比,ICI 残留的相位噪声导致两种 OQAM 接收机方案的相位噪声容忍度略低。结果表明,DATDE 和相位校正均衡器具有非常相似的相位噪声容忍度。可以观察到在 $\Delta v \cdot T_S > 10^{-5}$ 时 OSNR 的损伤开始增加。在 $\Delta v \cdot T_S = 10^{-4}$ 时,光信噪比损伤达到了约 1 dB,之后急剧上升。

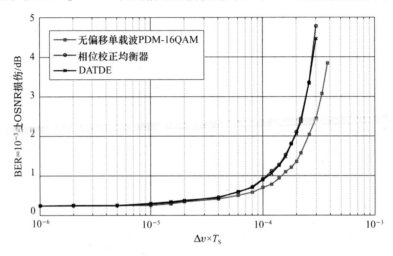

图 4.4.4　DATDE 和相位校正均衡器的相位噪声容忍度

图 4.4.5 显示了在无相位噪声和激光线宽为 200 kHz 时所需的信噪比损伤,表征了系统对色散的容忍度。在有相位噪声和无相位噪声的情况下,BPS 的块长度分别设置为 16 和 64。结果表明,对大量色散,适当地调整滤波器的个数,可以实现精确的滤波器抽头收敛。

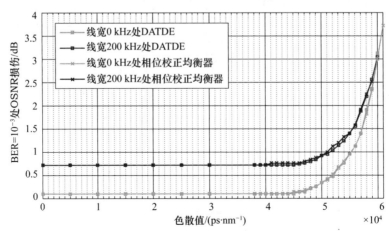

图 4.4.5　不同线宽下 DATDE 和相位校正均衡器的色散容忍度

图 4.4.6 显示了 DATDE 和相位校正均衡器对偏振旋转频率（PRF）的容忍度，表征了系统对信道变化的追踪性能。偏振旋转频率表示信道的变化频率。结果表明，DATDE 和相位校正均衡器能够在偏振旋转频率为 10^5 rad/s 左右的范围内跟踪信道。

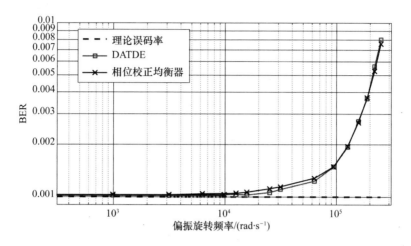

图 4.4.6 DATDE 和相位校正均衡器的跟踪性能

在本小节我们提出了 PDM OBM-OQAM 系统的 DATDE 方案。与上一小节的相位校正均衡器相比，该算法大大地降低了计算复杂度。我们给出了该方案的框架结构和 DSP 流程图，进行了偏振复用 8 子载波 16OQAM 系统仿真。在仿真中，DATDE 比相位校正均衡器在相同的 TS 长度下能实现更精确的滤波器抽头收敛。尽管 DATDE 的复杂度较低，但在 ASE 噪声、相位噪声、色散和极化旋转频率的情况下，其误码率性能与更复杂的相位校正均衡器相同。由于计算复杂度小且性能不下降，因此 DATDE 方案是 MC-OQAM 系统一个有前途的解决方案。

4.4.2 OQAM 系统频域均衡方案性能研究

图 4.4.7 直观地给出了接收到的 $0°$ 恒定相移和 $10°$ 恒定相移的 16OQAM 接收机星座图。由于相移正交性条件被打破，不仅星座图产生旋转，信道间串扰（ICI）也出现了。

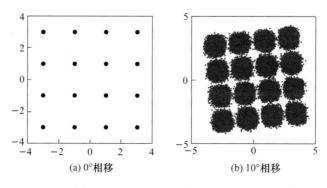

图 4.4.7 16OQAM 接收机星座图

本小节中我们提出了一种基于交叉训练序列的频域均衡方案（FDE-ITS），适用于偏振分复用（PDM）OBM-OQAM 系统。所提出的方案在每个子载波只需要使用一个均衡器。因此，与前述相位校正均衡器相比，它也具有较低的计算复杂度。

图 4.4.8(a)为 FDE-ITS 方案的框架结构。在前导序列中插入训练序列（TS）的同时插入相同长度的零序列，形成时间交错的训练序列，使训练序列在传输过程中不受 ICI。上一小节的 DATDE 中，ICI 在过滤器抽头训练中发挥着重要而积极的作用。因此，DATDE 的 TS 不是交错的。FDE-ITS 方案每个子载波的前导序列包括时域同步序列和训练序列。同步序列（SS）为重复的 15 符号伪随机二进制序列（PRBS）[279]。训练序列为重复等幅零自相关（CAZAC）序列[280,281]。在图 4.4.8(a)中，渐变阴影块表示单个 CAZAC 序列。Y 偏振的 TS 是 X 偏振的 TS 的复制，并且时移了符号周期的一半[282]。零序列经过子载波复用后受到 ICI，因此需要为 TS 添加循环前缀（CP）和循环后缀（CS）来防止零序列的码间干扰（ISI）。有效载荷数据是 OQAM 调制的，开始处有 8 个导频数据用于信号相位恢复。有效载荷数据中不需要插入 CP/CS。图 4.4.8(b)是接收多个 OQAM 子载波的接收机的数字信号处理（DSP）框图。DSP 开始时先进行色散粗补偿，然后采用盲频偏估计器进行载波频率恢复。子载波解复用通过 RRC 滤波器完成。下采样到每个符号 2 个采样后，用同步序列进行接收信号粗同步，然后提取训练序列进行频域信道估计。通过对重复训练序列的多个估计结果进行平均，由于放大器的放大自发辐射（ASE）噪声和相位噪声引起的信道估计偏差会减小。均衡器抽头系数的计算使用迫零准则。信道估计后，利用重叠 FDE 方法[283]在频域内对有效载荷数据进行均衡。均衡过程补偿了系统的线性损伤，其中包含信号剩余的色散和同步偏差。载波相位恢复使用了盲相位搜索 BPS 算法。如果有效载荷数据的初始阶段相位偏差大于 90°，则 CPR 后恢复的星座图将旋转 180°。这种相位偏差可以通过信号初始的导频数据检测到。

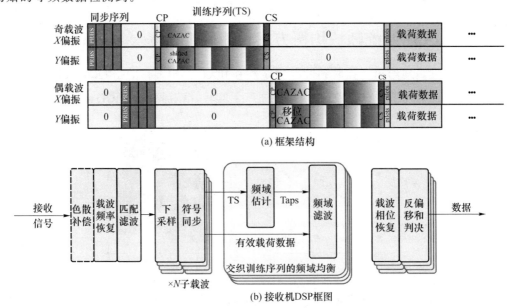

图 4.4.8　OBM-OQAM 系统的 FDE-ITS 方案

信道估计在每个符号 2 采样下进行。每次信道估计先对 N 阶 CAZAC 序列进行 $2N$ 点快速傅里叶变换（FFT），再计算信道响应，最后对平均信道响应进行取逆。每个 CAZAC 序列的 $2N$ 点 FFT 需要大约 $N \cdot \log_2(2N)$ 次复数乘法。根据文献[284]中 FDE 的计算复杂度分析，对来自两个偏振的每对 CAZAC 序列进行信道响应计算需要 $4 \cdot 2N$ 次乘法，而每一帧进行一次的信道取逆需要 $6 \cdot 2N$ 次乘法。由于前导序列两个偏振共有 $4N \cdot n_{\mathrm{rep}}$ 个训练序列符号，其中包括 CAZAC 序列的 n_{rep} 次重复和相同长度的零序列。因此信道估计中每个 TS 符号需要复数乘法的次数为

$$(2 \cdot N \cdot \log_2(2N) \cdot n_{\mathrm{rep}} + 8N \cdot n_{\mathrm{rep}} + 12N)/(4N \cdot n_{\mathrm{rep}}) \tag{4.15}$$

对于在两个偏振上的载荷数据均衡，重叠 FDE 算法在每个载荷块需要 2 次 $2N$ 点 FFT，2 次 $2N$ 点反 FFT，以及 4 次 $\cdot 2N$ 个频域复相乘。每个载荷块长度为 $N - N_{\mathrm{ISI}}$，其中 N_{ISI} 与均衡前 ISI 的范围有关。因此，FDE-ITS 平摊到每个有效载荷符号的复数乘法次数为

$$\left(\frac{\log_2(2N)}{2} + 2 + \frac{3}{n_{\mathrm{rep}}} \right) R_{\mathrm{pre}} + \frac{4 \cdot N \cdot \log_2(2N) + 8N}{2(N - N_{\mathrm{ISI}})} \tag{4.16}$$

其中 R_{pre} 是训练序列在整个帧结构的占比。

上一小节的相位校正均衡器对每个测试相位支路进行时域均衡。如果使用 LMS 均衡器，则自适应均衡[284]需要对每个有效载荷符号进行 $B_{\mathrm{PCE}} \cdot 4L$ 次复数乘法，其中 B_{PCE} 是测试相位的数量，L 是均衡器抽头系数的数量。

相位校正均衡器的均衡复杂度为 $B_{\mathrm{PCE}} \cdot L$ 级别，而 FDE-ITS 的均衡复杂度大致在 $\log_2(2N) \approx L$ 级别。因此，与相位校正均衡器相比，FDE-ITS 在载波相位恢复前进行均衡，计算复杂度显著降低。

我们对一个包含 6 个子载波的 PDM OBM-16OQAM 信号进行了仿真。每个子载波的符号速率为 5 Gbaud。Nyquist 脉冲整形滤波器的滚降系数设置为 0.5。载波相位恢复使用 BPS 算法。

相位校正均衡器的滤波器抽头数设置为 63，滤波器抽头系数采用 LMS 方法更新，抽头更新中使用训练数据初始化抽头系数时收敛步长为 $\mu = 1 \times 10^{-3}$。在对载荷数据进行均衡时收敛步长为 $\mu = 5 \times 10^{-5}$。FDE-ITS 方案使用 N 阶 CAZAC 序列作为 TS，CP/CS 长度设置为 64 个符号。在仿真中，对比了相位校正均衡器对 ASE 噪声、CD 和激光线宽的容忍度。

在接收机加载加性高斯白噪声（AWGN）模拟传输噪声。图 4.4.9 显示了 FDE-ITS 方案和相位校正均衡器模拟的背对背误码率随光信噪比（OSNR）变化的函数。图中显示 FDE-ITS 方案和相位校正均衡器的信噪比损伤都可忽略不计。

接下来观察系统对线性信道失真的补偿能力，我们将色散作为线性信道失真引入，将接收机 DSP 输入端的粗 CD 补偿模块关闭。在这种情况下，色散只在 FDE-ITS 或相位校正均衡器中得到补偿。

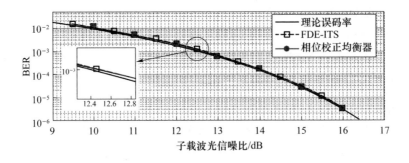

图 4.4.9　FDE-ITS 方案和相位校正均衡器的误码率性能

图 4.4.10 显示了在色散为 10^4 ps/nm、每个子载波的信噪比为 12 dB、线宽为 $\Delta\nu = 0$ kHz 时,误码率与训练符号数的函数关系。所考虑的信噪比的理论误码率为 1.83×10^{-3},用虚线表示。FDE-ITS 方案 BPS 的块长度被设置为 $M_{FDE} = 64$。相位校正均衡器跟踪相位更新的块长度也设置为 M_PCE＝64。X 标记实线和方块标记实线分别显示了单子载波场景和 6 子载波场景下 FDE-ITS 方案的结果。ASE 噪声干扰了 BPS 算法中的相位噪声估计,导致了比 AWGN 理论更高的误码率下限。需要注意的是,在单子载波情况没有发生 ICI。由于训练序列是交织的,多载波情况下的信道估计与单子载波情况下的信道估计一样有效。点实线表示多载波场景下的相位校正均衡器的结果。所需的训练序列长度与 OSNR 有关。在每个子载波 12 dB 的信噪比下,FDE-ITS 所需的 TS 长度约为 3×10^3 个符号,而相位校正均衡器所需的 2.5×10^4 个符号要大得多。仿真结果表明,采用较短训练序列长度的 FDE-ITS 方案就可以实现精确的信道估计。

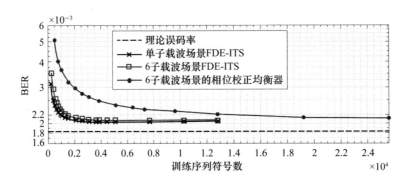

图 4.4.10　在 12 dB/子载波的信噪比和 10^4 ps/nm 的色散下 FDE-ITS 和相位校正均衡器的性能

图 4.4.11 显示了达到 BER＝10^{-3} 时所需的 OSNR 的损伤与线宽符号持续时间积 $\Delta\nu \cdot T_S$ 的关系。对于 OBM-OQAM 信号,$T_S = 1/R_S$,其中 R_S 是每个子载波的符号速率。对于 FDE-ITS 方案,TS 长度设置为 3×10^3,对于相位校正均衡器,TS 长度设置为 2.5×10^4。在 $\Delta\nu \cdot T_S = 10^{-4}$ 时 M_{FDE} 和 M_{PCE} 优化为 16。这个块长度是在相位噪声和 ASE 噪声容忍度之间进行平衡而得到的。较长的块长度降低了相位噪声的容忍度,较短的块长度由于 ASE 噪声的影响,相位噪声的估计较差。FDE-ITS 方案的 BPS 算法使用了 41 个测试相位。相

位校正均衡器可以使用自适应相位缩放技术,减少所需的测试相位[285]的数量,在此场景中使用自适应相位缩放技术后,在不导致性能下降的前提下测试相位个数可以减少到 9 个。图中圆圈实线显示了与 FDE-ITS 相同 BPS 配置的单载波 PDM-16QAM 的结果。与单载波接收机相比,ICI 残留的相位噪声导致两种 OQAM 接收机方案的相位噪声容忍度略低。结果表明,FDE-ITS 和相位校正均衡器具有非常相似的相位噪声容忍度。由图中可以看出,$\Delta\nu\cdot T_{\mathrm{s}}>10^{-5}$ 时 OSNR 损伤开始增加。在 $\Delta\nu\cdot T_{\mathrm{s}}=10^{-4}$ 处,OSNR 损伤达到约 1 dB,之后 OSNR 损伤急剧上升。

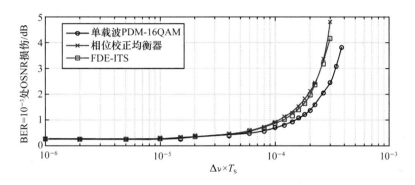

图 4.4.11　FDE-ITS 方案和相位校正均衡器的相位噪声容忍度

　　图 4.4.12 显示了当激光线宽为 200 kHz 与无相位噪声的两种场景下,信噪比的损伤随色散变化的关系。激光线宽为 200 kHz 对应 $\Delta\nu\cdot T_{\mathrm{s}}=4\times10^{-4}$。在有相位噪声和无相位噪声的情况下,$M_{\mathrm{FDE}}$ 和 M_{PCE} 分别设置为 16 和 64。仿真中训练序列长度设为固定值,不随色散的不同而变化。残余同步偏差对 FDE-ITS 估计的信道传递函数的影响相当于信道脉冲响应的循环时间偏移,导致当色散量接近估计范围时,与相位校正均衡器相比,FDE-ITS 的色散容忍度略低。结果表明,如果正确地调整 FDE-ITS 的 CAZAC 序列的阶数或相位校正均衡器的滤波器抽头数,可以实现对大色散值场景的精确信道估计。

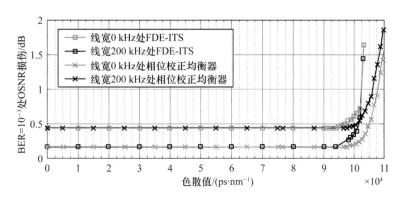

图 4.4.12　FDE-ITS 方案和相位校正均衡器的色散容忍度

　　我们通过搭建 7×4 Gbaud PDM OBM-16OQAM 背对背实验系统来对比 FDE-ITS 方案和相位校正均衡器方案。实验装置如图 4.4.13 所示。采用线宽约 100 kHz 的外腔激光器(ECL)作为发射光源和接收本振。工作在 56 GSamples/s 的数模转换器(DAC)产生 7 个子载波电信号,每个子载波用 4-Gbaud PDM-16OQAM 调制。RRC 脉冲整形滤波器的滚降系数为0.5。噪声加载模块包含一个光衰减器和一个 EDFA,用于调整接收到的信号的信噪比。插图显示了双偏振 I/Q 调制器输出端的光谱,它在信号带宽内是平坦的。这是通过在发射机 DSP 中对信号进行预失真来实现的,以便在噪声加载模块之后,每个子载波具有相同的信噪比。在接收端,光学带通滤波器(OBPF)去除了带外噪声。接收机为标准双偏振相干接收机。实时采样示波器以 50 GSamples/s 的速度存储电波形,以供离线处理。信号帧结构的前导序列中,训练序列是重复 8 次的 $N=32$ 阶的 CAZAC 序列,前导序列总长度为 672 个符号($2×4×15$ 同步序列$+2×8×32$ 训练序列$+2×20$ 循环前缀/后缀),每帧载荷数据长度为 51 200 个符号,包括开始的 8 个导频数据。考虑使用 7% 开销的硬判决前向纠错(HD-FEC)码,则信号净数据速率为 206.6 Gbit/s($7 × 4$ Gbaud $× 8$ bit/symbol $× (51192/51872)/1.07$)。在接收机 DSP 中,M_{FDE} 和 M_{PCE} 设置为 64 个符号。

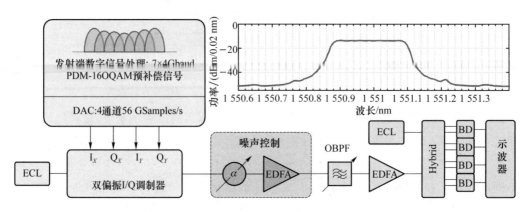

图 4.4.13 FDE-ITS 方案的 206.6 Gbit/s PDM-16OQAM 实验系统图

图 4.4.14 显示了 FDE-ITS 方案和相位校正均衡器方案的背对背误码率性能,并且与理论 AWGN 性能相比,FDE-ITS 和相位校正均衡器在 BER$=10^{-3}$ 时的 OSNR 损伤为 1.4 dB。结果表明,FDE-ITS 方案和相位校正均衡器方案具有相似的背对背误码率性能。

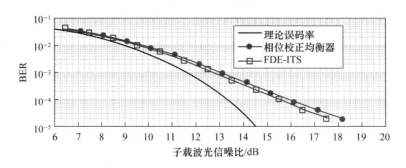

图 4.4.14 FDE-ITS 方案和相位校正均衡器方案的背对背误码率性能

本小节中我们提出了一种偏振复用 OBM-OQAM 系统的 FDE-ITS 频域均衡方案。与传统的相位校正均衡器方案相比,频域均衡方案大大地降低了计算复杂度。我们给出了该方案的框架结构和 DSP 流程图,并进行了偏振复用 6 子载波 16OQAM 的系统仿真。在仿真中,FDE-ITS 比相位校正均衡器所需的训练序列长度更短,实现了精确的信道估计。频域均衡方案不仅复杂度较低,而且它在 ASE 噪声和相位噪声下,与更复杂的相位校正均衡器具有相同的误码率性能。在 206.6 Gbit/s 偏振复用 OBM-16OQAM 背对背实验中,频域均衡方案和相位校正均衡器方案表现出相似的误码率性能。由于计算复杂度小且性能不下降,FDE-ITS 频域均衡方案是未来 OBM-OQAM 系统一种有前途的解决方案。

4.5 本章小结

超级信道是未来光网络的重要信号调制方案,本章首先分析了超级信道的技术细节,然后提出了一种适合未来网络的 OBM-OQAM 超级信道方案。

OBM-OQAM 超级信道具有大容量、高谱效率、高灵活度的特点,它的发射端可以在不改变系统硬件结构的情形下提供可变符号速率和数量的 Nyquist-OQAM 波带。相较于 Nyquist-WDM、OFDM-WDM 和 OBM-OFDM 技术,OBM-OQAM 超级信道因其正交性而不需要波带间的保护边带,能够完成更紧凑的波带复用。根据本章的理论模型,我们提供了两种接收方案:使用 OFDM/OQAM 接收机的全波带接收方案和使用单波带 MC-OQAM 接收算法的单波带检测或多波带并行检测。OBM-OQAM 的接收端应用这两种方案后能够完成任意波带的单独解调、连续波带的并行解调和整个超级信道的集中解调。因此,OBM-OQAM 超级信道实现了可变速率收发,能够适应未来不断增长的用户数量和业务灵活性的需求。

得益于 OFCG 的应用,我们能够产生平滑、大带宽、稳定、相位已知的光频率梳,这是高速 OBM-OQAM 传输系统得以实现的关键。实验中,我们实现了一个 400 Gbit/s、单偏振 16QAM OBM-OQAM 的超级信道,它的带宽为 0.8 nm,包含了 40 个波带。

OQAM 系统的接收端 DSP 算法中,载波相位恢复需要在均衡前进行,因此我们首先提出了两种相位校正均衡方法,包括自适应的 TS-based BPLMS 算法和 BPDDLMS 算法,算法在均衡前进行了载波相位自适应追踪。实验结果表明,OBM-OQAM 信号的合波开销仅有 3 dB。400 km SSMF 传输后,OBM-OQAM 超级信道的所有波带误码率低于 7% HD-FEC 阈值,平均误码率为 2.1×10^{-3}。至此,OBM-OQAM 超级信道的可行性和功能得到了验证。然后,我们对均衡方案进行了改进,提出了 DATDE 时域均衡方案和 FDE-ITS 频域均衡方案,通过仿真和实验对 DATDE 时域均衡方案和 FDE-ITS 频域均衡方案进行了验证。结果表明这两种方案具有简单的均衡流程,大幅降低了均衡的计算复杂度,同时又保证了均衡性能不下降。

第5章　光纤传输系统的克尔非线性补偿

非线性串扰的消除一直是光纤通信领域中受关注的研究课题之一。实际传输系统对非线性补偿(NLC)和相关数字信号处理(DSP)算法的需求使得世界各地的许多研究人员和工程师在这一领域进行了大量的具有相当深度的研究。

5.1　光纤传输系统的克尔非线性原理及补偿方法

在大容量、长距离光纤链路中,光纤非线性包含克尔效应(Kerr effect)、受激拉曼散射(SRS,Stimulated Raman Scattering)和受激布里渊散射(SBS,Stimulated Brillouin Scattering),其中克尔效应是限制通信系统容量的主要因素。

克尔效应可以用非线性薛定谔方程表述:

$$\partial_z E = \frac{g(z)-\alpha}{2}E - i\frac{\beta''}{2}\partial_t^2 E + i\gamma \, |E|^2 E \tag{5.1}$$

其中 E 为光信号的电场; z 为传输距离; $g(z)$ 为光放大器产生的功率增益系数; α 为光纤功率衰减系数; β'' 为群速度色散; $\gamma = 2\pi n_2/(\lambda A_{\text{eff}})$ 是光纤非线性系数,其中 n_2 是非线性折射率, λ 为真空中波长, A_{eff} 为光纤有效面积。

具体到每个偏振上,非线性薛定谔方程可近似为 Manakov 方程:

$$\left[\partial_z + \frac{\alpha-g(z)}{2} + i\frac{\beta''}{2}\partial_t^2\right]E_{x,y}(z,t) = i\frac{8}{9}\gamma(|E_x(z,t)|^2 + |E_y(z,t)|^2)E_{x,y}(z,t) \tag{5.2}$$

其中 x,y 为偏振下标。

克尔效应主要包含自相位调制(SPM,Self-Phase Modulation)、交叉相位调制(XPM,Cross-Phase Modualtion)、四波混频(FWM,Four Wave Mixing)。光克尔效应引起的非线性串扰可分为 3 类:①信号间串扰——由一个或多个光信号的非线性相互作用引起的信号干扰;②信号与噪声的串扰——信号与传输噪声之间的非线性相互作用;③噪声非线性——放大器噪声产生的非线性对自身的作用。在实际波分复用系统中,传输的信号功率明显高于噪声,因此信号间串扰构成了主要的非线性效应[109,286]。因此,学术界的研究主要关注信号间串扰的消除。当然,抑制噪声引起的非线性的方法也有学者在研究,比如文献[287]和其中的参考文献。对于相干波分复用系统,能否消除整个波段的信号间串扰是非线性抑制的关键问题[288]。

在信号间非线性串扰中,我们可以进一步区分带内和带外非线性串扰,如图 5.1.1 所示。带内串扰包括在收发机的电子处理带宽内产生的所有非线性贡献。当处理单个信道时,带内干扰包括单独由目标信道信号产生的信道内的影响,而在超级信道场景中,它还包括由共处理的超级信道的其他子载波产生的影响。带内串扰可以通过数字反传(DBP)[174,289~292,299,300] 或使用非线性傅里叶变换(NLFT)[293~298] 传输来缓解。另外,带外串扰是由波分复用带外信号产生的,这些信号是收发机都无法访问的,被称为非线性串扰噪声(NLIN)。在这种情况下,区分涉及目标信道(或目标超级信道)的带外串扰和仅由带外信道产生的非线性串扰是有用的。后者通常被视为难以消除的噪声,而前者可以通过使用本章讨论的几种技术部分消除。

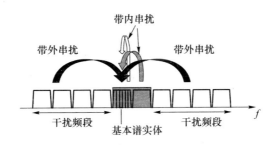

图 5.1.1　波分复用系统的信号间非线性串扰分类

从克尔效应分类上看,自相位调制(SPM)仅由系统本身的基本谱实体(ESE)产生,在子载波复用系统中是单个子载波,在单载波调制系统中是光信道(传统 WDM 系统中的 WDM 信道或基于超级信道系统中的超级信道支流);交叉相位调制(XPM)涉及本身 ESE 和单个串扰 ESE(带内或带外)之间的非线性相互作用;而四波混频(FWM)涉及多个串扰 ESE(带内或带外)之间的非线性相互作用。

表 5.1.1 总结了当前各种类型的非线性信号-信号串扰和已知的消除非线性的方法。表中正标记表示完全(++)或部分(+)消除非线性的潜力,而负标记表示该非线性补偿技术对非线性串扰的补偿能力为零(－－)或通常非常小(－)的情况。通过数字反传[174,289~292,299,300] 或非线性傅里叶变换传输[293~298] 可减轻带内非线性串扰。均衡法[301~312] 可减轻带外 XPM 的影响,这些影响表现为时变的码间干扰(ISI)[313,314]。这些技术已被研究证明主要能够减轻零阶的交叉相位调制[301,302]。高阶交叉相位调制通常表现为较短的时间相关性,导致使用自适应均衡的缓解方法效率较低。最大后验(MAP)解码[315] 或最大似然(ML)解码[316~318] 通过考虑码间干扰形式引起的噪声统计和相关性来提高接收机的性能,其计算复杂度很高,而且通常效果不明显。带内和带外超级信道子载波之间的非线性所产生的带内串扰和四波混频效应可以通过均衡法或 MAP/ML 解码来部分缓解。星座图整形方案[319~323] 调配了映射星座图,降低了单个载波信号的幅度在大瞬时功率的分布或分布概率,从而起到对带内串扰和零阶交叉相位调制等非线性的抑

制作用。数字相位共轭[324~333]方案在发射端构建共轭的数据对,根据非线性薛定谔方程,数据对在链路中会受到相反的非线性串扰,接收端叠加合并后能够有效消除带内串扰和交叉相位调制等非线性。本书主要研究 SPM 和 XPM〔忽略 FWM 是因为它在标准单模光纤(SSMF)中效果不明显〕,其中 XPM 又分为信道内(intra-channel)XPM 和信道间(inter-channel)XPM。

表 5.1.1　信号-信号非线性串扰的分类及效果

方案	带内串扰	带外串扰		
		交叉相位调制		四波混频
		零阶	高阶	
数字反传[174,289~292,299,300]	++	－－	－－	－－
非线性傅里叶变换传输[293~298]	++	－－	－－	－－
均衡法[301~312]	＋	++	＋	－
MAP/ML 解码[315~318]	＋	++	＋	－
星座图整形[319~323]	＋	++	－	－
数字相位共轭[324~333]	＋	＋	－	－

5.1.1　数字反传

DBP 以分步傅里叶方式逐段反向演绎 Manakov 方程,补偿光纤链路中的光克尔非线性[174,299,230],设置的每段距离越短,补偿得越精确。因此,在不考虑链路噪声的情况下,理论上非线性带内串扰可以通过数字反传方案完全补偿,但是这是不惜计算代价的。DBP 既可以应用在发射端 DSP 中,也可以应用在接收端 DSP 中。数字反传方案可以在时域[334,335]或频域[336]中使用分步处理[289]或基于微扰[337~340]的方法实现。微扰法进行单波带信号的 Manakov 方程推导,将非线性近似为一阶微扰系数,接收端利用微扰系数进行光克尔非线性补偿均衡。可以用已知的链路参数计算微扰系数[337~339],或者利用传输信号信息进行微扰系数估计[340]。该算法既可以使用在发射机[291]上,也可以使用在接收机[341]上。数字反传的核心问题是它的高计算复杂度[342,343],在理想的缓解情况下,它与反向传播信号的带宽呈超线性增长。分步式数字反传通常需要使用多个全带宽快速傅里叶变换(FFT),而基于微扰的数字反传需要计算大量非线性项并使用大量乘法。近年来,许多研究都致力于降低反传算法对复杂性的要求。已知的具有较低复杂度的优化方案包括加权反传[344]、滤波反传[345]、用于等幅调制格式的无乘法反传[337],以及结合了分步式和微扰方法的优点的多阶段反传[346,347]。

大量的分布式仿真[348]和实验室实验结果[349~352]报道了数字反传的潜在优势。然而,从组网角度来讲,反传方案需要获取传输信号的全部信息,而波分复用通信系统的接收端达不到这个要求,接收端通常只能获取指定接收波带信息,波分复用系统的联合检测又要求接收机能够处理极大带宽的信号；甚至出于安全性的考虑，通常的通信系统接收端只有获取指定接收波带信息的权力。因此，光克尔非线性中跨波带产生的串扰，主要是信道间 XPM，成为了光通信系统中主要的容量限制因素。从计算复杂度角度来讲，反传数值仿真通常局限于信道数量相对较少的系统[353]。而实验研究中即使搭建了大量通道[349~351]，使用数字反传观测到的补偿收益也经常由于实验室的器件限制而降低（比如使用奇偶分离的通道集[354]）。偏振模色散（PMD）[292]和信道相关的激光频率漂移[290]等随机效应可能进一步损害反传的准确性。文献[115,355]基于高斯调制输入信号的假设分析了数字反传潜在收益的理论结果。文献[302,356]使用更先进的理论模型分析了单信道下反传的潜在收益。

5.1.2　非线性傅里叶变换传输

将调制和解码传输信息安排到不受带内非线性影响的变换域[293,294]传输可以消除光非线性，这种方案被称为非线性傅里叶变换（NLFT）传输。通过在发送端使用逆 NLFT，在接收端使用 NLFT[295,296]，解码时信号就没有带内非线性效应[297,298]。然而，在具有随机传播效应（比如偏振模色散）的噪声集中放大场景中，检测到的信号可能会受到发射器和接收器无法访问的带外信号的非线性串扰。在全负载系统中，NLFT 的极限分析仍然是一个未解决的问题。

5.1.3　交叉相位调制和非线性相位、偏振旋转噪声

交叉相位调制损伤的消除基于其在基本谱实体（ESE）上的时变码间串扰状态分析[313,314,357]。图 5.1.1 所示的基本谱实体是子载波复用系统中的单个子载波通道。交叉相位调制对基本谱实体的接收数据符号的影响可以写成：

$$\boldsymbol{r}_n = \boldsymbol{a}_n + \sum_l \boldsymbol{H}_l^{(n)} \boldsymbol{a}_{n+l} \tag{5.3}$$

其中双元素矢量 $\boldsymbol{a}_n$ 和 $\boldsymbol{r}_n$ 表示从第 n 个时隙中基本谱实体的两个偏振中发送和接收的数据符号。式（5.3）的具体内容将在 5.2 节中阐述。2×2 码间串扰矩阵 $\boldsymbol{H}_l^{(n)}$ 取决于基本谱实体中的数据符号传播干扰。假设存在收端不可访问的干扰信道，那么 $\boldsymbol{H}_l^{(n)}$ 是未知的。码间干扰矩阵的数值随干扰数据符号的变化而变化，因此它是时变的。

零阶交叉相位调制的 $\boldsymbol{H}_l^{(n)}$ 具有一些对非线性消除有重要影响的有趣性质[71,358,359]，其效果可写为

$$\boldsymbol{a}_n + \boldsymbol{H}_0^{(n)} \boldsymbol{a}_n = \begin{pmatrix} \mathrm{e}^{i\vartheta_n^{(x)}} & ih_n \\ ih_n^* & \mathrm{e}^{i\vartheta_n^{(y)}} \end{pmatrix} \begin{pmatrix} \boldsymbol{a}_n^{(x)} \\ \boldsymbol{a}_n^{(y)} \end{pmatrix} \tag{5.4}$$

其中 $\boldsymbol{a}_n^{(x)}$，$\boldsymbol{a}_n^{(y)}$ 和为 $\boldsymbol{a}_n$ 的两个元素。从式（5.4）中可以看出，零阶交叉相位调制可以看作在每个偏振中独立的相位噪声和偏振串扰，这种联合串扰也被称为交叉偏振调制（XpolM）。

另一种观察零阶交叉相位调制影响的方法是考虑其对接收到的双偏振符号的四维信息的影响。式(5.4)可以写成：

$$\boldsymbol{a}_n + \boldsymbol{H}_0^{(n)} \boldsymbol{a}_n = \mathrm{e}^{i\varphi_n}\mathrm{e}^{i\boldsymbol{\Phi}_n}\boldsymbol{a}_n \tag{5.5}$$

图 5.1.2 展示了零阶交叉相位调制效应的两个成分。相位噪声部分 $\mathrm{e}^{i\varphi_n}$ 会将两个偏振旋转一个相同的角度 φ_n，φ_n 等于 $\boldsymbol{\theta}_n^{(x)}$ 和 $\boldsymbol{\theta}_n^{(y)}$ 的平均值,而偏振状态旋转 $\mathrm{e}^{i\boldsymbol{\Phi}_n}$ 引起的斯托克斯矢量代表了 $\boldsymbol{a}_n$ 在庞加莱球上旋转 $|\boldsymbol{\Phi}_n|$[35],这导致了相位噪声和偏振旋转噪声（PPRN）能够直接代表零阶 XPM 的效果。

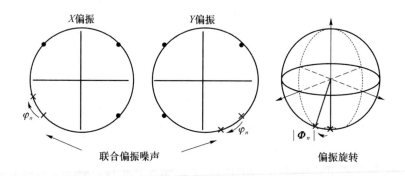

图 5.1.2　QPSK 传输的相位噪声和偏振旋转噪声(PPRN)

在图 5.1.3 中,我们研究了交叉相位调制（XPM）在全负载 WDM 系统的效益,系统参数由表 5.1.2 给出。满负载波分复用一种有 115 个信道,并且使用了 16-QAM 传输。我们给出了各阶 XPM 效应 $\boldsymbol{H}_l^{(n)}\boldsymbol{a}_{n+l}$ 的方差,这些方差统一表征为零阶 XPM 效应 $\boldsymbol{H}_0^{(n)}\boldsymbol{a}_n$ 的归一化方差。该预测基于文献[360]中的计算,计算结果与分步傅里叶仿真结果非常一致。显然,PPRN 的影响最显著,而 XPM 项 $\boldsymbol{H}_l^{(n)}\boldsymbol{a}_{n+l}$ 随着 $|l|$ 单调递减。

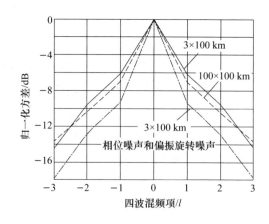

图 5.1.3　满负载 115 通道波分复用 16-QAM 传输的各阶 XPM 对比零阶

XPM（相位噪声和偏振旋转噪声）的方差

表 5.1.2　系统参数

参数	值
单信道符号速率/Gbaud	32
信道间隔/GHz	37.5
脉冲成形	根号升余弦
滚降系数	0.1
跨段长度/km	100
色散/(ps·nm^{-1}·km^{-1})	17
非线性因子/(m^2/W)	2.6×10^{-20}
有效面积/μm^2	80
偏振模色散	0
损耗系数/(dB/km)	0.2
放大类型	EDFA

关于 XPM 的 ISI 形式的一个重要现象是 ISI 矩阵 $\boldsymbol{H}_l^{(n)}$ 随 n 变化缓慢,因为矩阵元素实际上是大量干扰符号求和的结果,图 5.1.4 给出了 115 个信道的满负荷 16-QAM 传输系统 $l=0,1,2$ 时 $\boldsymbol{H}_l^{(n)}$ 对角线和非对角线元素的自相关函数,其中实线代表对角线元素,虚线代表非对角线元素,系统参数与表 5.1.2 一致。高阶 XPM 项的相关性迅速降为零,即使在运行 3 000 km 以上的系统中也是如此。而非线性 PPRN($l=0$)的相关系数相对较长,约为几十个符号。这些结果与数值模拟[301~304]和实验测量[305,306]结果一致,验证了 PPRN 相位噪声效应($l=0$ 的对角元素)的长时间相关性。文献[302,303]的数值仿真和文献[307]的实验结果验证了 PPRN 偏振串扰效应(非对角线元素,$l=0$)的长时间相关性。

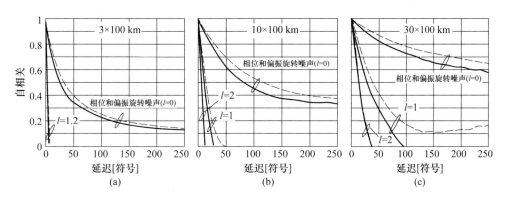

图 5.1.4　满负载 115 通道 16-QAM 传输系统 $l=0,1,2$ 时对角线(实线)和非对角线(虚线)元素的自相关函数

采用自适应线性均衡[301,302,307]或 turbo 均衡[309~311]的非线性补偿技术可以跟踪 ISI 矩阵 $\boldsymbol{H}_l^{(n)}$ 中的时间变化,并减轻其影响。跟踪过程的效率和非线性消除的性能由时间相关性的长度决定。相关性越长,非线性消除的效率就越高[312]。在传统的波分复用系统中,如图

5.1.4 所示,非线性 PPRN 的时间相关性足够长,能够被消除;而高阶 XPM 效益的时间相关性太短,不能有效地补偿[302]。MAP 解码[315]或 ML 解码[316~318]可以通过计算码间干扰形式的 XPM 和时间相关性来提高接收机的性能,即便这种时间相关性并不长。然而,这种解码算法的复杂性随着假设的信道数量迅速增长,同时通常也仅限于计算较少的码间串扰项[361]。

5.1.4　数字相位共轭

数字相位共轭技术应该是从光学共轭技术中产生的灵感。光学共轭技术补偿光非线性的原理在于,通过在链路中点插入光相位共轭器实现信号在光纤中经历两段相反的光克尔非线性。光相位共轭器利用非线性光纤的四波混频原理实现。这种光相位共轭技术能有效补偿信道间 XPM[362,363],然而这样的结构具有较大的成本和功率开销,同时网络结构的灵活性也受到了限制。

文献[324]在期刊 *Nature Photonics* 上首次提出了一种用于非线性消除的数字相位共轭方案。相位共轭波(PCTW)方案在两个光偏振上分别传输信号波及信号波的相位共轭镜像,在光纤链路中,它们产生的信道内及信道间的光克尔非线性损伤是相反的,接收端通过将这对共轭波相干合并就能完成光克尔非线性的自消除。文献[324]完成 400 Gbit/s 偏振复用 QPSK(Quadrature Phase Shift Keying)信号传输,通过使用 PCTW 方案,Q^2 提升了 4.5 dB,系统的传输距离翻了一倍。PCTW 这一概念后来被推广到在空间、时间和频率等其他正交维度上的传输[330]。文献[329,331]在两个连续的时隙中传输一对相位共轭数据符号,即在时域中演示了 PCTW 概念的版本;在频域中,PCTW 概念的版本能够很好地兼容正交频分复用(OFDM)系统[328,332,333],表现为相邻子载波使用一对相位共轭数据。这些技术在功率变化围绕中点的对称链路中性能最好。然而,最大的问题是,PCTW 方案及其衍生方案的共轭数据占用了一半的数据载荷,使 PCTW 系统的数据率只能达到相同配置的传统系统的一半。这与补偿非线性以提升系统容量的初衷背道而驰。文献[330]的分析认为,这种谱效率的降低并不总是能弥补信噪比改善带来的容量提升。能够说明这一现象的一个方便的方法是考虑 AWGN 信道容量随 $\log_2(1+\mathrm{SNR})$ 增长。这时,牺牲一半的自由度意味着信息速率可以以 $0.5 \times \log_2(1+\mathrm{SNR_{new}})$ 的速度增长,只有当新系统 $\mathrm{SNR_{new}}$ 的信噪比满足 $0.5 \times \log_2(1+\mathrm{SNR_{new}}) > \log_2(1+\mathrm{SNR})$ 时,PCTW 方案才会有收益。因此,在相对较大的信噪比下,比如在常见商业系统场景下,只有当所得到的增益达到系统信噪比(分贝)的两倍以上时,忽略一半的自由度才是有益的。例如,在一个以 10 dB 的信噪比和容量速率发送信号的系统中,只有当信噪比增加超过约 10 dB 时,牺牲一半的自由度才会有好处。因此,PCTW 方案对于信噪比相对较低的低谱效率系统是最有意义的。

5.1.5　发射端进行非线性抑制的优化

非线性对系统性能的影响取决于色散预补偿、符号速率、脉冲整形和星座整形等参数,这些参数均可由发射机控制。数字色散预补偿可以在抑制自相位调制干扰方面提供一些收益,而对交叉相位调制和四波混频效益的补偿效果则几乎可以忽略[106,364]。在标准色散无补偿链路中,当数字预补偿链路总色散的一半时,可获得最大的非线性抑制[365,366],即便如此,这种收益仍然不高。

第4章提到,一些文献进行过数字子载波调制系统[130,367,368]和 OFDM 系统[369,370]中的符号速率优化研究。文献[371]基于新开发的理论模型[356,372]研究了 NLIN 方差对子载波符号速率的相关性,结论表明,如果希望链路中的非线性效应降低,与其利用最新的大带宽光电调制器搭建宽带子载波复用的传输系统,不如使用大量低速率旧发射机组成的密集型波分复用传输。并且,对于高阶 QAM 格式来说,理论和分步模拟预测出的非线性补偿收益相当小,QPSK 系统的非线性补偿收益则相对较大[356,371]。然而,最新的实验研究表明,实验中非线性补偿的收益比理论和仿真的结果低很多[373,374],进一步的验证实验应该仍在进行中。

数字脉冲整形是优化系统非线性性能的另一种方法。文献[224,375,376]提出了几种新的脉冲整形方案,这些方案主要考虑了滚降系数较高的情况,比传统的平方根升余弦(SRRC)脉冲在非线性抑制上效果更好。受 PCTW 概念[324]的启发,文献[377]提出了正交脉冲整形方案,该方案将两个统计独立信息符号 E_1 和 E_2 通过 $E_x = E_1 + E_2$ 和 $E_y = E_1^* - E_2^*$ 的方式映射到两个偏振上,最终能够抑制系统中的非线性偏振串扰效应。

星座图整形技术在无线通信中得到了广泛的研究[378],近些年也在光纤通信中引发了一个研究热点,详见文献[140,379~381]及其参考文献。方形 QAM 星座图在线性加性高斯白噪声(AWGN)信道中仅能接近最终香农限以下 1.53 dB 位置。星座图整形可以通过提高信号的功率效率来缩小和香农限的差距。星座图整形通过在几何上重新排列星座点来提升功率效率,也可以整形传输符号的先验概率。但需要注意的是,整形实际上可能损害系统对非线性的容忍度,因为整形通常会增强振幅上的调制,使得信号功率分布更接近高斯分布,这反过来强化了与调制格式有关的非线性噪声。这个现象在文献[319,382]中以多维星座图和一维概率整形场景进行了分析。

与调制格式有关的非线性噪声效果主要表现为非线性相位噪声[71]。在没有非线性相位噪声去除模块的波分复用系统中,我们希望在保持振幅调制和它产生的非线性相位噪声尽可能低的同时能够获得线性整形增益。文献[319]对多维星座图的线性和非线性整形之间的权衡进行了研究,结果表明,在某些情况下,多维整体整形增益可能超过 1.53 dB 的线性 AWGN 信道的最终整形增益。文献[320]提出了对线性和非线性整形增益进行优化的多维环形星座图,而文献[321~323]提出了降低非线性相位噪声的 4 维和 8 维星座图。文献[321]证明了星座图整形也可以抑制 PPRN 的偏振串扰部分,同时提出极化平衡的 8 维星座图方案,该方案通过在两个连续时隙中传输相反的斯托克斯方向的数据来消除非线性偏振串扰。该方法在低阶调制格式系统中能够有效补偿非线性,得到谱效率增益。文献[383,384]提出了区分割 QPSK 格式,也能提供信号对非线性偏振串扰的更高容忍度。

5.1.6 峰值信噪比增益的预测

本章讨论的非线性消除增益指的是系统在最佳发射功率下传输性能的改善。我们将"系统传输性能"定义为其信号对噪声和串扰的比值(SNIR),其中考虑了线上光放大器的放大自发辐射(ASE)和非线性串扰效应。为了方便起见,我们在本书中也将 SNIR 简单地称为"信噪比(SNR)",即我们会认为噪声这个参数实际上包含了噪声和干扰。比如,图 5.1.5 中,我们将最优信号发射功率下的信噪比称为"峰值信噪比",并在本书中会去量化各种非线性补偿技术的峰值信噪比增益。之所以选择峰值信噪比增益作为我们的性能指标,是因为它只需要计算非线性噪声(NLIN)的方差,并且可以深入了解各种基本非线性系统的平衡状态。与其他系统性能度量相比,比如前向纠错解码前后的互信息或比特误码率,基于方差的峰值信噪比分析不需要对非线性噪声的概率密度进行任何假设。将峰值信噪比预测转化为其他系统性能测量的一种简单方法是将非线性噪声处理为加性高斯白噪声(AWGN)。数值模拟结果[116,356]以及实验测量结果[385]表明,在某些场景下,这种方法在预测规定 FEC 前 BER 的系统最大传输距离的结果时合理、准确。文献[386]进一步分析后指出,考虑两个正交偏振非线性噪声之间的相关性可以提供更准确的互信息预测。文献[360]提出了一种改进的半解析时域模型,演示了 FEC 前的误码率预测的改善。

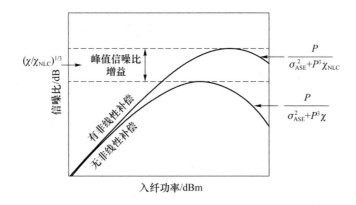

图 5.1.5 非线性补偿的峰值信噪比增益

上述定义中的信噪比一般可以写成:

$$\mathrm{SNR} = \frac{P}{\sigma_{\mathrm{ASE}}^2 + \sigma_{\mathrm{NL}}^2} \tag{5.6}$$

其中 σ_{ASE}^2 是由 ASE 引起的噪声的方差,σ_{NL}^2 是非线性噪声的方差,其一阶微扰约等于

$$\sigma_{\mathrm{NL}}^2 = P^3 \chi \tag{5.7}$$

P 为被研究信道的入纤功率,χ 为非线性系数,与 P 无关。非线性系数通常在所有信道的入纤功率相等的情况下计算,但也可以适应不同信道功率的情况。例如,在超级信道场景中,发射机协同处理多个信道,根据信道在频率网格中的位置,对各个信道使用不同的输入功

率[387]。然而,在具有大量信道和合理信道间距的系统中,执行这种功率优化的收益相对较低。

根据式(5.6)和式(5.7)能够画出表征波分复用系统信噪比性能的典型曲线,如图5.1.5所示。通过对 P 的简单优化,曲线的峰值位置应该在

$$\text{Peak\_SNR} = \left(\frac{\sigma_{\text{ASE}}^2}{2}\right)^{-2/3} \cdot \frac{\chi^{-1/3}}{3} \tag{5.8}$$

非线性串扰补偿方案将无非线性补偿时的方差 χ 降低为非线性补偿后的非线性系数 χ_{NLC}。由此产生的峰值信噪比增益为

$$\text{Peak\_SNR\_gain} = \left(\frac{\chi}{\chi_{\text{NLC}}}\right)^{1/3} \tag{5.9}$$

式(5.9)表明,无论噪声方差 σ_{ASE}^2 为多少,非线性噪声方差每降低 1 dB,峰值信噪比就提高 1/3 dB。在 AWGN 信道假设下,假设 ASE 噪声和非线性噪声方差随链路长度线性增长,可以从峰值信噪比增益中获得系统传输距离改善的大致估计结果[117]。在这种情况下,0.5 dB 的峰值信噪比增益对应的传输距离增加约为 12%。

5.2　光纤中克尔非线性的消除滤波方案

本节讨论光纤中克尔非线性的消除滤波方案。如前文所述,光纤传输系统的克尔非线性主要包含 SPM、信道内 XPM、信道间 XPM。它们对 WDM 系统的非线性作用具有可加性[359]。因此只需要分析包含两个波带的系统就能阐述多波带 WDM 系统的特点。在发射端,偏振复用的发射信号的电场表述为[301,359]:

$$s(0,t) = \sum_n \boldsymbol{a}_n g(0, t - nT) + \text{e}^{-j\Omega t} \sum_n \boldsymbol{b}_n g(0, t - nT) \tag{5.10}$$

$\boldsymbol{a}_n$ 和 $\boldsymbol{b}_n$ 分别是第 n 个时隙目标波带和干扰波带的传输数据,$\boldsymbol{a}_n$ 和 $\boldsymbol{b}_n$ 是列向量,包含两个元素,分别对应 x 和 y 两个偏振;T 是符号周期;$g(0,t)$ 为脉冲波形,本书中是平方根升余弦脉冲,沿着光纤,经过色散的波形表述为 $g(z,t) = \exp\left(-\dfrac{i}{2}\beta'z\dfrac{\partial^2}{\partial t^2}\right)g(0,t)$,其中 β' 是光纤色散系数。

接收端,假设色散由 FIR 滤波器预补偿。目标波带的接收信号可以表述为 $\boldsymbol{r}_n = \boldsymbol{a}_n + \Delta\boldsymbol{a}_n$,其中 $\Delta\boldsymbol{a}_n$ 为非线性串扰,这里忽略了链路 ASE 噪声。根据前述的串扰表达式[359],WDM 系统的非线性串扰 $\Delta\boldsymbol{a}_n$ 可表述为

$$\Delta\boldsymbol{a}_n = \sum_h \boldsymbol{H}_h^{(n)} \boldsymbol{a}_{n+h} \tag{5.11}$$

其中

$$\boldsymbol{H}_h^{(n)} = i\frac{8}{9}\gamma \sum_m S_{n,h,m} \boldsymbol{a}_{n+m+h}^H \boldsymbol{a}_{n+m} + i\frac{8}{9}\gamma \sum_m X_{n,h,m} (\boldsymbol{b}_{n+m+h}^H \boldsymbol{b}_{n+m}\boldsymbol{I} + \boldsymbol{b}_{n+m}\boldsymbol{b}_{n+m+h}^H) \tag{5.12}$$

$$S_{n,h,m} = \int_0^L \mathrm{d}z f(z) \int_{-\infty}^{\infty} \mathrm{d}t \cdot g^*(z,t-nT)g(z,t-(n+h)T) \cdot \tag{5.13}$$
$$g(z,t-(n+m)T)g^*(z,t-(n+m+h)T)$$

$$X_{n,h,m} = \int_0^L \mathrm{d}z f(z) \int_{-\infty}^{\infty} \mathrm{d}t \cdot g^*(z,t-nT)g(z,t-(n+h)T) \cdot \tag{5.14}$$
$$g(z,t-(n+m)T-\beta'\Omega z)g^*(z,t-(n+m+h)T-\beta'\Omega z)$$

γ 为光克尔非线性参数;$\boldsymbol{I}$ 为 2×2 单位矩阵;n,h,m 为数据时隙下标;$S_{n,h,m}$ 是信道内非线性参数,包含 SPM 和信道内 XPM;$X_{n,h,m}$ 是信道内非线性参数,包含信道间 XPM;L 为光纤链路长度;函数 $f(z)$ 为损耗/增益包络,在集总放大链路中,$f(z)=\exp(-\alpha\mathrm{mod}(z,L_S))$,$\alpha$ 为衰减系数,L_S 为每段(span)光纤长度。式(5.11)将 $\Delta\boldsymbol{a}_n$ 表述为非线性矩阵与传输信号向量的乘积和,因此非线性串扰可以建模为时变的 ISI。在链路色散较大时,非线性系数 $\boldsymbol{H}_h^{(n)}$、$S_{n,h,m}$、$X_{n,h,m}$ 是随着时隙 n 缓变的。

消除非线性串扰 $\Delta\boldsymbol{a}_n$ 的一种方案是 RLS 滤波法。RLS 滤波法在接收端利用数据信息使用 RLS 算法对非线性系数 $\boldsymbol{H}_h^{(n)}$ 进行追踪估计,将估计的参数应用于对应 FIR 滤波器进行非线性串扰消除[301]。实际应用中,链路中的 ASE 噪声会导致 $\boldsymbol{H}_h^{(n)}$ 估计的偏差,从而影响方案效果。

CDR 方案是消除非线性串扰 $\Delta\boldsymbol{a}_n$ 的另一种方案。使用 CDR 方案,非线性串扰 $\Delta\boldsymbol{a}_n$ 在接收端的相干合并中与镜像数据的非线性串扰完成自消除。图 5.2.1 展示了 CDR 方案的数据结构,两个偏振的共轭数据对在时域上间插复用。

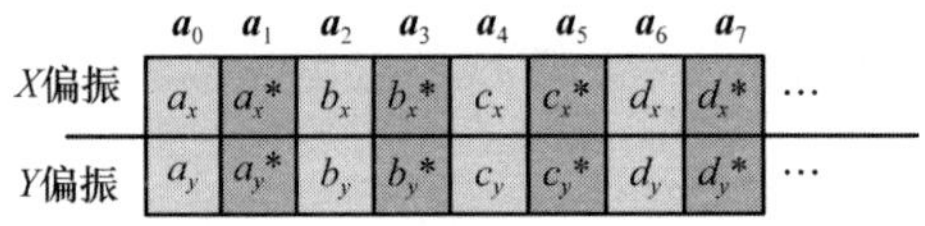

	a_0	a_1	a_2	a_3	a_4	a_5	a_6	a_7	
X偏振	a_x	$a_x{}^*$	b_x	$b_x{}^*$	c_x	$c_x{}^*$	d_x	$d_x{}^*$	⋯
Y偏振	a_y	$a_y{}^*$	b_y	$b_y{}^*$	c_y	$c_y{}^*$	d_y	$d_y{}^*$	⋯

图 5.2.1 CDR 方案的数据结构

对于图 5.2.1 所示的一对共轭数据:

$$\boldsymbol{a}_{2k+1} = \boldsymbol{a}_{2k}^*, k=0,1,2,\cdots \tag{5.15}$$

作用于它们的光克尔非线性可以表述为:

$$\Delta\boldsymbol{a}_{2k} = \sum_h \boldsymbol{H}_{2h}^{(2k)}\boldsymbol{a}_{2k+2h} + \sum_h \boldsymbol{H}_{2h+1}^{(2k)}\boldsymbol{a}_{2k+2h+1} \tag{5.16}$$

$$\Delta\boldsymbol{a}_{2k+1} = \sum_h \boldsymbol{H}_{2h}^{(2k+1)}\boldsymbol{a}_{2k+2h+1} + \sum_h \boldsymbol{H}_{2h-1}^{(2k+1)}\boldsymbol{a}_{2k+2h} \tag{5.17}$$

在链路色散较大时,$\boldsymbol{H}_{2h}^{(2k+1)}\approx\boldsymbol{H}_{2h}^{(2k)}$。接收端相干合并后,残余的非线性串扰表述为:

$$\Delta\tilde{\boldsymbol{a}}_{2k} = \frac{1}{2}(\boldsymbol{r}_{2k}+\boldsymbol{r}_{2k+1}^*) - \boldsymbol{a}_{2k} = \frac{1}{2}(\Delta\boldsymbol{a}_{2k}+\Delta\boldsymbol{a}_{2k+1}^*) \tag{5.18}$$

如果 $\Delta\boldsymbol{a}_{2k}$ 与 $\Delta\boldsymbol{a}_{2k+1}$ 的对应非线性项自相消,残留非线性串扰 $\Delta\tilde{\boldsymbol{a}}_{2k}$ 将会很小。通常,非线性效应表现为相位上的漂移,它在信号幅度方向上的作用可忽略[301,313,357],矩阵 $\boldsymbol{H}_{2h}^{(2k)}$ 内的元素主要是虚数。因此式(5.16)和式(5.17)等号右侧的第一项在相干合并时能完成自消除。我们将式(5.16)和式(5.17)等号右侧的第二项展开：

$$\sum_h \boldsymbol{H}_{2h+1}^{(2k)} \boldsymbol{a}_{2k+2h+1} = i\frac{8}{9}\gamma \sum_{h,m} S_{2k,2h+1,2m} \boldsymbol{a}_{2k+2m+2h+1}^H \boldsymbol{a}_{2k+2m} \boldsymbol{a}_{2k+2h+1} +$$

$$i\frac{8}{9}\gamma \sum_{h,m} X_{2k,2h+1,2m} (\boldsymbol{b}_{2k+2m+2h+1}^H \boldsymbol{b}_{2k+2m} \boldsymbol{I} + \boldsymbol{b}_{2k+2m} \boldsymbol{b}_{2k+2m+2h+1}^H) \boldsymbol{a}_{2k+2h+1} +$$

$$i\frac{8}{9}\gamma \sum_{h,m} S_{2k,2h+1,2m+1} \boldsymbol{a}_{2k+2m+2h+2}^H \boldsymbol{a}_{2k+2m+1} \boldsymbol{a}_{2k+2h+1} +$$

$$i\frac{8}{9}\gamma \sum_{h,m} X_{2k,2h+1,2m+1} (\boldsymbol{b}_{2k+2m+2h+2}^H \boldsymbol{b}_{2k+2m+1} \boldsymbol{I} + \boldsymbol{b}_{2k+2m+1} \boldsymbol{b}_{2k+2m+2h+2}^H) \boldsymbol{a}_{2k+2h+1} \quad (5.19)$$

$$\sum_h \boldsymbol{H}_{2h-1}^{(2k+1)} \boldsymbol{a}_{2k+2h} = i\frac{8}{9}\gamma \sum_{h,m} S_{2k+1,2h-1,2m+1} \boldsymbol{a}_{2k+2m+2h}^H \boldsymbol{a}_{2k+2m+1} \boldsymbol{a}_{2k+2h} +$$

$$i\frac{8}{9}\gamma \sum_{h,m} X_{2k+1,2h-1,2m+1} (\boldsymbol{b}_{2k+2m+2h}^H \boldsymbol{b}_{2k+2m+1} \boldsymbol{I} + \boldsymbol{b}_{2k+2m+1} \boldsymbol{b}_{2k+2m+2h}^H) \boldsymbol{a}_{2k+2h} +$$

$$i\frac{8}{9}\gamma \sum_{h,m} S_{2k+1,2h-1,2m} \boldsymbol{a}_{2k+2m+2h-1}^H \boldsymbol{a}_{2k+2m} \boldsymbol{a}_{2k+2h} +$$

$$i\frac{8}{9}\gamma \sum_{h,m} X_{2k+1,2h-1,2m} (\boldsymbol{b}_{2k+2m+2h-1}^H \boldsymbol{b}_{2k+2m} \boldsymbol{I} + \boldsymbol{b}_{2k+2m} \boldsymbol{b}_{2k+2m+2h-1}^H) \boldsymbol{a}_{2k+2h} \quad (5.20)$$

式(5.19)等号右侧的前两项也能与式(5.20)的对应项自相消,但是后两项不能。因此 CDR 方案能完成大部分非线性项的补偿。

总之,$\boldsymbol{H}_h^{(n)}$ 影响了 SPM、信道内和信道间的 XPM,使用 RLS 滤波法或 CDR 方案能对它们进行补偿。CDR 方案能以牺牲一半数据率为代价补偿大部分非线性串扰。RLS 滤波法不需要牺牲数据率,但是链路中的 ASE 噪声会影响非线性参数估计的准确性,降低 RLS 滤波法的性能。

5.3　大容量、高谱效率波分复用实验系统中光克尔非线性补偿方案实验

本节研究各种非线性补偿算法在大容量、高谱效率的波分复用实验系统中的性能。我们搭建了两套发射机,将它们组成 11×32 Gbaud PDM-16QAM 信号。如图 5.3.1 所示,系统由 38 GHz 间隔紧密排列奇偶交织的 11 个信道组成。任意波形发生器(AWG)以 64 GSamples/s 采样率产生 32 Gbaud 16QAM 基带电信号。平方根升余弦滤波器滚降系数为 0.1。在发射端 ECL 线宽约为 25 kHz。每个载波由双偏振调制器调制上信号。传输链路包含 14 段每段 100 km SSMF,链路上仅有 EDFA 放大器,链路没有色散补偿装置。

在接收端,使用 OBPF 作为接收滤波器选择目标波带。OBPF 的 3 dB 带宽设为 45 GHz。相干接收机的本振线宽约为 25 kHz。相干接收后,由 80 GSamples/s 的采样示波器存储信号波形,以供后续的离线 DSP。图 5.3.2 展示了信号光谱,光谱分辨率为 0.02 nm。3 条实线分别为背对背场景、1 400 km SSMF 传输场景、1 400 km SSMF 传输及光滤波后的光谱。

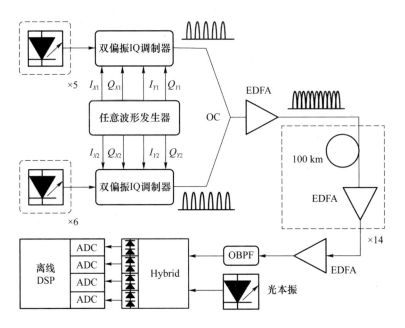

图 5.3.1　大容量、高谱效率波分复用实验系统结构框图

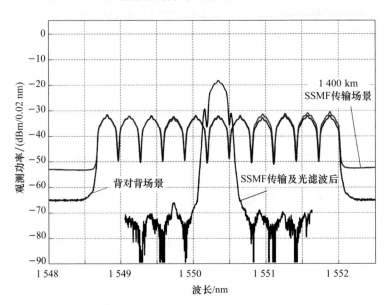

图 5.3.2　大容量、高谱效率波分复用传输实验系统光谱

图 5.3.3(a)展示了传输信号帧结构。帧头有同步序列和训练序列。同步序列为包含两个长度为 63 符号的 M 序列,两个偏振使用了相关度低的不同 M 序列。训练序列为包含长度为 127 符号的 M 序列,M 序列与相同长度的 0 序列间插排列。帧头长度为 1 142 符号,传输数据长度为 49 152 符号。传输数据可以是传统的 QAM 映射的数据、CDR 或 PCTW。如果考虑接收端使用 20% 冗余的软判决 FEC(SD-FEC)编码,信号的净速率为 2.293 Tbit/s〔11×32Gbaud×8bit/baud×49152/(49152+1142)/1.2〕;如果考虑使用 7% 冗余的硬判决 FEC(HD-FEC),净速率为 2.572 Tbit/s。需要指出的是 PCTW 和 CDR 方案

的净速率约为其一半,也就是 1.147 Tbit/s(20% SD-FEC)和 1.286 Tbit/s(7% HD-FEC)。

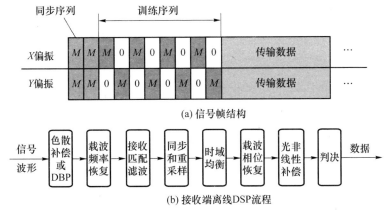

(a) 信号帧结构

(b) 接收端离线DSP流程

图 5.3.3 信号帧结构和接收端离线 DSP 流程

图 5.3.3(b)为接收端离线 DSP 流程图。色散使用 FIR 滤波器粗补偿。载波相位恢复使用改进的相位增长算法[248]。同步后使用另一个 FIR 滤波器完成时域均衡,滤波器抽头系数由训练序列计算[234]。载波相位恢复使用盲相位搜索算法(BPS)[388]。然后执行非线性补偿,对于 CDR 或者 PCTW 方案,这里执行数据的相干合并;对于传统 Nyquist 信号,这里执行 RLS 滤波法。需要指出的是,如果需要应用 DBP,DBP 将取代色散补偿模块,位于载波频率恢复算法之前。

图 5.3.4 展示了单信道信号及 WDM 系统背对背信号性能曲线,光信噪比(OSNR)在 0.1 nm 分辨率下测量。方块实线为单信道场景,点实线为 WDM 系统场景。图中标示了 20% SD-FEC 阈值 2.4×10^{-2}[389] 和 7% HD-FEC 阈值 3.8×10^{-3}[390]。WDM 系统在 20% SD-FEC 阈值需要的 OSNR 为 18.7 dB,与单信道场景几乎相同,说明实验中信道组合几乎没有产生损伤。

图 5.3.5 展示了横轴为 WDM 系统第 6 个信道 1 400 km 传输入纤功率,纵轴为 Q^2 值的曲线图。Q^2 值由测量 BER 值计算而得,$Q^2 = 20\lg[\sqrt{2}\,\mathrm{erf}^{-1}(2 \cdot \mathrm{BER})]$。实验中我们应用 CDR 方案(右三角实线)、PCTW 方案(左三角实线)、RLS 滤波法(上三角实线)和 DBP(点实线)补偿非线性。比较结果如图 5.3.5 所示,并且与未补偿信号(方块实线)和二次接收结果(菱形实线)对比。CDR/PCTW 方案的性能提升包含两个部分,一是非线性补偿,二是由于相干合并操作带来的 3 dB 信噪比提升(数据相干合并时,信号功率变为原来的 4 倍,噪声功率变为原来的 2 倍)。因此我们引入了二次接收方案来标识 CDR/PCTW 的非线性补偿效果。二次接收方案相干合并了不同时刻采样的两个波形帧,两个波形帧内的信号数据是相同的。因此二次接收的 Q^2 值增益模拟了相干合并算法的 SNR 增益(从方块实线到菱形实线)。从二次接收结果的 Q^2 值到 CDR/PCTW 方案的 Q^2 值增益就是 CDR/PCTW 方案的非线性补偿的贡献(从菱形实线到右、左三角实线),在最优入纤功率下为 1.5 dB(Q^2 值)。使用非线性补偿后,最后入纤功率约为 -0.4 dBm/channel,比未使用非线性补偿算法的结果高了 1 dB。CDR 和 PCTW 算法的 Q^2 值在最优入纤功率下都有约 3.2 dB 的提升。DBP

补偿了信道内光克尔非线性,在图5.3.5中由点实线表示。RLS滤波法(上三角实线)补偿了信道内及信道间的光克尔非线性,它在最优入纤功率下的性能比SBP算法高。当RLS滤波法与DBP都启用时,得到了最佳的性能,这是因为DBP先补偿了部分信道内非线性串扰,使得RLS滤波法的参数估计偏差变小。图5.3.5显示,RLS+DBP算法约有1.0 dB Q^2值的提升。尽管CDR/PCTW算法的效果比RLS+DBP好,但CDR/PCTW算法是以牺牲一半数据率为代价的,相比之下RLS滤波法与DBP不需要牺牲数据率。

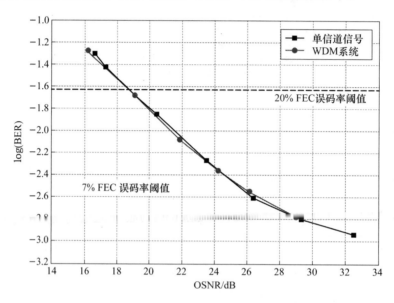

图5.3.4 单信道信号及WDM系统背对背性能曲线

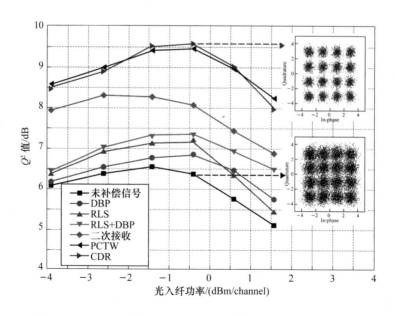

图5.3.5 WDM系统1 400 km SSMF传输的入纤功率优化曲线

图 5.3.6 展示了最优入纤功率下第 6 个信道(横轴为传输距离,纵轴为 Q^2 值)系统传输中的 Q^2 值曲线。图 5.3.7 展示了 1 400 km SSMF 最优入纤功率传输的 11 个信道的测量 BER 结果。未补偿非线性信号的平均误码率为 1.92×10^{-2},RLS+DBP 算法的平均误码率为 1.05×10^{-2},CDR/PCTW 方案的平均误码率为 1.76×10^{-2}。对于应用 RLS+DBP 算法的场景和未进行非线性补偿的场景,所有 11 个信道的误码率都低于 20% SD-FEC 阈值 2.4×10^{-2}。CDR/PCTW 方案所有 11 个信道误码率都低于 7% HD-FEC 阈值 3.8×10^{-3}。

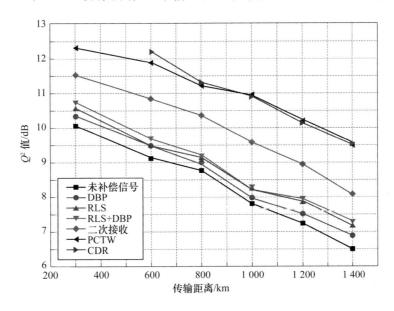

图 5.3.6　系统传输中的 Q^2 值曲线

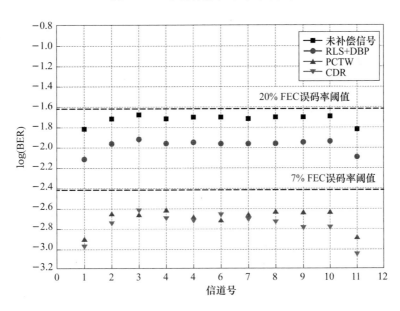

图 5.3.7　11 个信道最优入纤功率 1 400 km SSMF 传输的测量误码率

5.4　仿真与实验结果讨论

在单载波系统中,反传算法的潜在峰值信噪比增益随着联合反传算法处理带宽的增加而显著地快速饱和。以表 5.1.2 的配置为例,在一个 3 000 km 的 QPSK 系统中,会发现 1/3/5 通道反传的增益最多约为 0.5/0.9/1.2 dB,以显著增加 DSP 复杂性为代价的话,每进一步的协同处理的额外增益小于 0.1 dB。需要特别注意的是,即使是 3 通道联合反传也已经超出了当今相干接收机中集成电路处理数据的能力,因为这意味着 3 个几十 Gbaud 信道的非线性协同处理。这种长距离 QPSK 系统中,PPRN 消除带来的增益提升也非常有限,比如 3 000 km 下,提升只有约为 0.2 dB 量级。对于高阶调制格式系统,多通道反传本身的增益与 QPSK 类似,因为反传算法本身不涉及调制格式。然而,由于高阶 QAM 格式固有的低噪声容忍度和更高的调制开销,高阶调制格式系统的传输距离较短,随着链路变短,非线性效应减弱,非线性补偿效果也会随之减弱。因此,QAM 信号的非线性补偿增益实际中与距离相关。以表 5.1.2 的配置为例,100 km 链路下,QAM 信号 1/3/5 通道反传算法的增益仅在 0.2/0.6/0.8 dB 以内。然而令人惊喜的是,短链路下 QAM 信号的 PPRN 消除增益显著增加。对于单跨 100 km 的链路,发现 PPRN 消除的增益约为 2.5 dB。实际中,这种巨大增益取决于 PPRN 消除算法本身的 PPRN 抑制效果,虽然其时间相关性在较短的链路中显著降低。

对于子载波复用系统进行子载波数量的优化能够有效提升非线性抑制效果,注意这里"抑制"一词的含义在于系统本身没有使用非线性补偿算法就获得了对非线性的抗性提升。这个现象就如前文所述,使用大带宽的较少载波数的高端波分复用系统的非线性会大于窄带宽大量波带复用的散装系统。以表 5.1.2 的配置为例,将 3 000 km 的 QPSK 系统开始子载波复用数设为 12 时最优峰值信噪比增益达到了 0.8 dB。这种增益在高阶 QAM 中大大降低,特别是在较短的链路长度中,最优子载波数量会逐渐减少,直到单载波系统成为单跨链路的最优系统。将反传算法加到子载波复用系统中,我们可以观察到与单载波系统非常相似的非线性补偿增益。子载波系统用上 PPRN 消除算法后,能够获得比单载波系统更高的非线性消除增益。例如,前文所述 QPSK 信号传输 3 000 km 的 PPRN 消除收益仅有 0.2 dB,而子载波系统在最优载波数下能够达到 0.7 dB。不过,由于对于每个子载波的符号的 PPRN 的相关性随着每个信道的子载波数量的减少而减小,需要使用联合子载波处理来重建相关性并像单载波系统中那样有效地补偿 PPRN。因此,子载波调制系统本身的非线性就会比单载波系统小,而且在 PRRN 消除上还具有优势,子载波调制系统比单载波系统更适合非线性传输。

在光网络中,由于传输信道中并不总是调制了信息,意味着这个信道并不是时时刻刻都会被占满,使得反传算法本身的收益会比传输系统使用中表现得更高、更实用。然而,需要注意的是,灵活的光网络必须设计为在任何可能的配置下工作,点对点场景也是其中之一。因此,只有使用自适应速率收发机来动态适应不断变化的路由模式时,更高的非线性消除增益才有意义。数字子载波系统在光网络中的重要性比传输系统更甚,因为数字子载波在网络中不仅提供了更高的非线性补偿增益,还有效提升了网络灵活度。

本章搭建了大容量、高谱效率、高符号速率的波分复用实验传输系统,在系统中应用了RLS滤波法、DBP、CDR方案和PCTW方案,对比分析了它们的性能。实验表明,CDR方案和RLS滤波法在波分复用传输系统中均可有效补偿光克尔非线性损伤,特别是可补偿信道间XPM,这是首次实验验证CDR方案和RLS滤波法补偿光纤非线性。CDR方案和PCTW方案可使信号Q^2值提升约3.2 dB,其中1.5 dB是补偿光克尔非线性的结果,另外1.7 dB是因为这两个方案牺牲了一半的数据率而带来的固有信噪比提升(在实验中数据率从2.572 Tbit/s降为1.286 Tbit/s)。数字补偿算法(RLS和DBP)不会牺牲数据率,但性能不如CDR方案和PCTW方案;联合RLS+DBP算法可实现约1.0 dB的Q^2值增益,接近CDR和PCTW方案。

5.5　本　章　小　结

本章从理论上介绍了光纤通信系统中的光克尔非线性现象及各种光克尔非线性补偿算法。从仿真和实验两个角度进行了各类方案的非线性补偿效果研究。在方案创新方面,提出了使用CDR方案补偿波分复用传输系统的光克尔非线性,给出了补偿原理推导,并在实验中与RLS滤波法进行对比,它们在相同大色散假设场景下,依据一阶微扰原理,分别从自消除角度和参数估计角度补偿了非线性参数$H_h^{(n)}$对信号的影响。

非线性补偿技术本身已经发展了几十年,我们的研究目的并不是试图评估所有可能的非线性补偿技术的最终收益,而是研究目前非线性补偿技术可以突破的关键点,即如何减少或消除WDM系统中的信道间非线性串扰。如果未来的方案能够抑制带外高阶XPM项和FWM的效应(目前被认为是不可消除的损伤),那么它们可以提供比目前技术高得多的收益。

第6章 光纤传输技术应用于光载射频链路

光通信传输系统是将通信信号调制到光纤中进行传输的系统,其中传输技术涉及信号的电光调制、光电解调、链路及系统的损伤补偿、链路资源分配等内容。光载射频链路的原理是将射频电磁波信号送入光纤中传输,利用光纤的低损耗特性完成射频信号的远距离送达,射频电磁波本身可以是通信信号,也可以是探测信号。由于两个系统实际上有大量的技术交叠部分,因此,光纤传输技术在光载射频链路的应用也是一个研究热点。

本章给出光纤传输技术在光载射频链路的两个应用实例。有趣的是,这两个实例中的信号都是探测信号而不是通信信号,然而射频链路系统中仍然能够见到与光通信传输系统相似的大量技术细节。

6.1 分布式相参孔径雷达的光纤传输同步解决方案

雷达的探测距离取决于雷达的灵敏度,而雷达的灵敏度与天线孔径的平方成正比。提高雷达灵敏度的需求导致了大口径雷达技术的蓬勃发展。然而,大口径雷达不仅昂贵还难以移动运输。分布式相参孔径雷达(DCAR)由于具有可运输性好、灵敏度高、成本低等优点,近年来得到了广泛的研究。DCAR 使用了地理上远距离分布的小孔径雷达单元,这些单元可以控制它们的波束到达相同的目标。DCAR 有两种工作模式,接收相参模式和发射相参模式[391,392]。在接收相参模式中,各雷达单元发射正交波形,每个单元还接收来自其他单元的回声。通过采集所有 N 个雷达单元的 N^2 个回波结果,实现最大信噪比增益 N^2。当 DCAR 被同步时,它可以切换到发射相参模式,所有雷达单元发射的脉冲同时到达目标,信噪比增益上升到 N^3[391,392]。因此,DCAR 可以达到与大口径雷达相当的性能。

实现 DCAR 的难点在于各雷达单元之间的同步。解决这一问题的一种常规方法是使用单个数字信号处理(DSP)芯片通过电缆控制雷达波之间的时间或相位差[393,394]。当雷达单元在地理上远距离分散分布时,由于电缆的高衰减因素,这种系统在信息交换方面出现问题。另一种方法是使用时间频率传递网络(TFTN)。在 TFTN 中,参考信号是基于GPS[395]、卫星[396]、对流层散射效应[397]或光纤[398,399]广播的。根据来自 TFTN 的参考信号估计去调整雷达发射脉冲,在每个雷达单元中进行同步处理。因此,每个雷达单元都需要一个独立的 DSP 模块,导致同步程序很复杂[400]。

本节中,我们提出了一个用于 DCAR 同步的光纤传输网,设计了一个中央处理站架构,以配合所有雷达单元,并通过光纤进行子雷达同步。利用传输技术实现相位编码脉冲产生、时间同步和相位同步等所需功能。由于采用了传输技术和中央处理结构,该传输网具有带宽大、可调谐性高、传输损耗小、结构复杂性低、同步速度快、抗电磁干扰等优点。

图6.1.1展示了光纤传输网方案的模块设计。雷达单元通过光纤直接连接到中心处理站。每个单元在中心站对应一个独立的控制分支。在中心站DSP模块的帮助下,实现相位编码、时间同步和相位同步的功能。中心站将一个射频源分给所有控制分支共享。因此,由于来自相同的射频源,不同雷达波的频率是相等的。

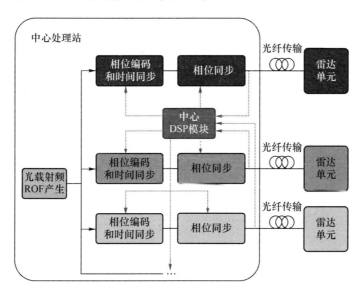

图 6.1.1 光纤传输网方案的模块设计

同步过程是在接收时的相参模式下进行的。图6.1.2展示了用于时间同步误差估计的中心站DSP模块时间轴时间偏差估计。图中,t_{i0} 和 t_{j0} 分别为相位编码脉冲在 i 和 j 控制分支中产生的时间。t_{ia} 和 t_{ja} 为发射脉冲到达目标的时间,下标 a 表示目标。因此,脉冲传输时间为 $t_{\mathrm{Lia}} = t_{ia} - t_{i0}$,和 $t_{\mathrm{Lja}} = t_{ja} - t_{j0}$。时间同步偏差为 $\Delta\tau_{i,j} = t_{ja} - t_{ia}$。$t_{ii}$、$t_{ji}$、$t_{ij}$ 和 t_{jj} 为传输路径 $i \to a \to i$、$j \to a \to i$、$i \to a \to j$ 和 $j \to a \to j$ 的回波检测时间。注意到 t_{ia} 和 t_{ja} 在 DSP 模块中是未知的,通过回声的时间间隔可以估计的时间同步偏差为:

$$\Delta\tau_{i,j} = t_{ja} - t_{ia} = (t_{ji} - t_{\mathrm{Lia}}) - (t_{ii} - t_{\mathrm{Lia}})$$
$$= t_{ji} - t_{ii} \text{ 或 } t_{jj} - t_{ij} \tag{6.1}$$

同样,相位同步偏差可以通过回波的相位偏移估计为:

$$\Delta\varphi_{i,j} = \varphi_{ji} - \varphi_{ii} \text{ 或 } \varphi_{jj} - \varphi_{ij} \tag{6.2}$$

φ_{ii}、φ_{ji}、φ_{ij} 和 φ_{jj} 分别为从传输路径 $i \to a \to i$、$j \to a \to i$、$i \to a \to j$ 和 $j \to a \to j$ 检测到的回波初始相位。当估计的相位偏差在同步模块中被校正时,DCAR切换到发射相参模式。在传输网中,所有的同步模块都位于中心站内,规避了地理上分散的雷达单元之间的信息交换,从而实现了快速同步。

图 6.1.2　中心站 DSP 模块时间轴时间偏差估计

图 6.1.3 展示了光纤传输网方案的详细架构。光纤上的射频产生模块包含一个外腔激光器(ECL)、一个偏振复用双驱动马赫-曾德调制器(PM-DMZM)和一个光学带通滤波器(OBPF)。PM-DMZM 集成了一个光耦合器(OC)、两个 MZM 和一个偏振合波器(PBC)。PM-DMZM 上臂的 MZM1 工作在最大传输点,让光载波直接通过;下臂的 MZM2 工作在最小传输点,对射频信号进行载波抑制双边带调制。PBC 将来自两个臂的信号排列成两个正交偏振。PM-DMZM 的输出信号可以表示为:

$$\begin{bmatrix} E_x \\ E_y \end{bmatrix} \propto \begin{bmatrix} e^{j\omega_0 t} \cdot e^{j\theta} \\ e^{j(\omega_0 t + \beta\sin(\omega_m t))} + e^{j(\omega_0 t + \pi)} \end{bmatrix} \tag{6.3}$$

其中,X 偏振和 Y 偏振中的信号分量分别为 E_x 和 E_y;θ 为 E_x 和 E_y 之间的相位差;光载波的角频率为 ω_0,射频信号的角频率为 ω_m;β 为 MZM2 的调制深度系数。考虑到射频信号使用小信号调制,可以将式(6.3)在 Jacobi-Anger 展开的基础上展开为:

$$\begin{bmatrix} E_x \\ E_y \end{bmatrix} \propto \begin{bmatrix} e^{j\omega_0 t} \cdot e^{j\theta} \\ J_1(\beta) \cdot e^{j(\omega_0 + \omega_m)t} - J_1(\beta) \cdot e^{j(\omega_0 - \omega_m)t} \end{bmatrix} \tag{6.4}$$

其中 $J_1(\beta)$ 是第一类的一阶贝塞尔函数。

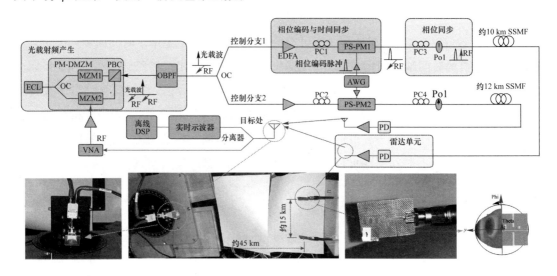

图 6.1.3　光纤传输网方案的详细架构

光学带通滤波器(OBPF)滤波选择了光载波和一侧一阶射频边带。通过光学带通滤波器后,系统产生一个正交的单边带射频信号:

$$\begin{bmatrix} E_x \\ E_y \end{bmatrix} \propto \begin{bmatrix} e^{j\omega_0 t} \cdot e^{j\theta} \\ J_1(\beta) \cdot e^{j(\omega_0 + \omega_m)t} \end{bmatrix} \quad (6.5)$$

相位编码与时间同步模块包括掺铒光纤放大器(EDFA)、偏振控制器(PC)和偏振敏感相位调制器(PS-PM)。PS-PM 在慢轴上调制指数大,在快轴上调制指数小。光载波由偏振控制器对准慢轴。任意波形发生器(AWG)产生长度为 L 的脉冲幅度调制(PAM)码 a_n,用于调制 PS-PM 中光载波的相位。经过 PS-PM 后,系统产生一个相位编码射频信号,可以表示为:

$$\begin{bmatrix} E_{ix} \\ E_{iy} \end{bmatrix} \propto \begin{bmatrix} e^{j(\omega_0 t + s_i(t))} \cdot e^{j\theta} \\ J_1(\beta) \cdot e^{j(\omega_0 + \omega_m)t} \end{bmatrix} \quad (6.6)$$

$$s_i(t) = \sum_{n=0}^{L-1} a_{in} \cdot A \cdot \mathrm{rec}(t - nT - T_i) \quad (6.7)$$

$$\mathrm{rec}(t) = \begin{cases} 1, & t \in [0, T), \\ 0, & 其他 \end{cases} \quad (6.8)$$

其中 A 为信号的调制深度,T 为信号编码周期,i 为控制分支号,T_i 为在 AWG 中配置的时间同步偏移量。

相位同步模块包括偏振控制器(PC)和起偏器(Pol)。调节偏振控制器的半波片能够控制信道与起偏器之间的偏振角 α,使模块输出功率最优。相位同步偏置 ϕ_i 是由偏振控制器最后一个四分之一波片引入的,它能调节两个偏振之间的相移,即射频边带和相位编码光载波之间的相移。调整偏振控制器,使相移可以在全 360° 内连续变化[401,402],起偏器将这两个偏振分量组合到单个偏振中。模块输出的信号 E_i 可以表示为:

$$\begin{aligned} E_i &= E_{ix} e^{j\phi_i} \cos\alpha + E_{iy} \sin\alpha \\ &= e^{j(\omega_0 t + s_i(t) + \theta + \phi_i)} \cos\alpha + J_1(\beta) \cdot e^{j(\omega_0 + \omega_m)t} \sin\alpha \end{aligned} \quad (6.9)$$

在标准单模光纤(SSMF)上传输会引入色散(CD),色散会使信号产生相位偏移 $\phi_{i\text{link}}(\omega) = \beta_2 l_i (\omega - \omega_0)^2 / 2$,$\beta_2$ 为二阶色散指数,l_i 为传输距离。假设相位编码光载波的带宽 $B = 2/T$ 与射频频率 $\omega_m / 2\pi$ 相比足够小,色散引入的相位编码光载波与射频边带之间的相位差可以简化为 $\Delta\phi_{i\text{link}} = \beta_2 l_i \omega_m^2 / 2$。雷达单元内经过光探测器后的信号电流 $i_i(t)$ 可表示为:

$$i_i(t) \propto \sin(2\alpha) \cos(\omega_m t + \theta + \phi_i + s_i(t) + \Delta\phi_{i\text{link}}) \quad (6.10)$$

式(6.10)也是雷达单元天线发射的相位编码射频信号。信号在起偏器之前的偏振控制器上进行同步相位 ϕ_i 控制,通过在 AWG 中配置时间偏移来进行时间 T_i 同步。此外,如果相位编码信号 $s_i(t)$ 的带宽较大,则在每个频率上具有不同的相位延迟。这种情况可以通过 AWG DSP 模块中的预失真来补偿。

我们根据图 6.1.3 的框架搭建了实验系统。ECL 线宽约为 100 kHz。矢量网络分析仪(VNA)产生 15 GHz 的射频信号,然后射频信号发送给 PM-DMZM。光滤波器使用 waveshaper。调制器 PS-PM(LN53-10-S-A-A-BNL)对快轴的调制可以忽略不计。AWG 生成 1 Gbaud PAM2 编码。图 6.1.3 中的插图展示了无线波束传输的实验场景。雷达单元天线采用两个偶极子天线,间距约为 15 cm。喇叭天线用于探测目标上的雷达波束,目标距雷达天线约 45 cm。偶极子天线的天线方向图也显示在插图中。

图 6.1.4(a)为光滤波器前后的信号频谱。光滤波器选择了光载波和射频上边带。图 6.1.4(b)和图 6.1.4(c)分别是控制分支 1 和控制分支 2 的信号谱。在各支路中,信号经过相位同步和光纤传输后会出现功率损耗,但信噪比基本保持不变。

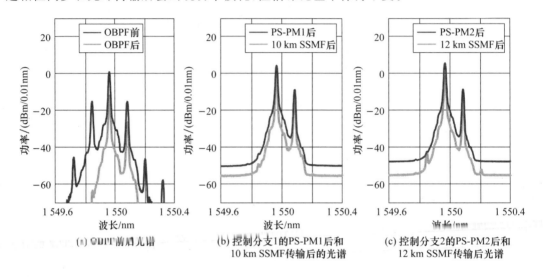

(a) OBPF前后光谱

(b) 控制分支1的PS-PM1后和 10 km SSMF传输后的光谱

(c) 控制分支2的PS-PM2后和 12 km SSMF传输后光谱

图 6.1.4 光纤传输网方案实验测量光谱

图 6.1.5 显示了在 VNA 中测量的以 45°相移间隔的信号响应。图中展示了信号的全 360°稳定的相位响应。在背对背场景下,测量的最大相位偏差为±2.5°,如图 6.1.5(a)~图 6.1.5(c)所示。功率变化在 0.2 dB 以内,如图 6.1.5(f)~图 6.1.5(h)所示。

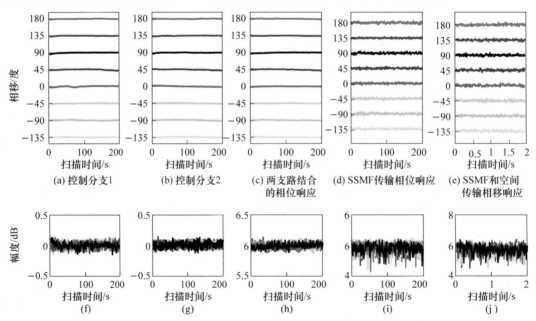

图 6.1.5 观测到的背对背信道相位响应〔(f)~(j)为(a)~(e)相应的观测到的幅度响应〕

温度和环境浮动的变化降低了光纤的相位和幅值响应的稳定性。光纤传输后测得最大相位偏差约为 $\pm 9°$，如图 6.1.5(d)所示。图 6.1.5(i)显示功率响应的变化在 2 dB 以内。图 6.1.6 展示了带有相位编码脉冲的 2 单元 DCAR 中同步误差引起的理论能量损失。在图 6.1.6(a)中，20%符号周期的时间同步误差只导致 0.5 dB 的能量损失。在实验中，它对应于 200 ps，这比 AWG 的时间偏移分辨率(1 ps)大得多。在图 6.1.6(b)中，30°的相位同步误差只导致 0.3 dB 的能量损失。SSMF 传输后的最大相位偏差为 $\pm 9°$，理论上实验结果具有可忽略的能量损失。

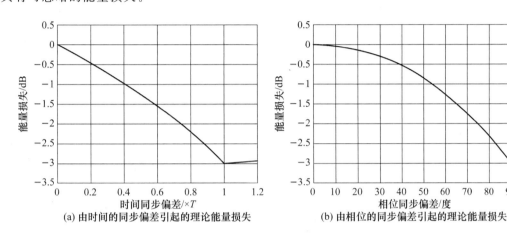

(a) 由时间的同步偏差引起的理论能量损失　　　(b) 由相位的同步偏差引起的理论能量损失

图 6.1.6　包含 2 个雷达单元的相位编码 DCAR 系统中，由时间和相位的同步偏差引起的理论能量损失图

空间信道的复杂特征使得波束在相位上随时间快速变化。从图 6.1.5(e)可以看出，在波动 $\pm 10°$ 范围内，信号可以在 2 s 内获得稳定的相位响应。测量的功率变化在 2 dB 以内，如图 6.1.5(j)所示。需要注意的是，2 s 的扫描时间对于实际雷达的检测来说已经足够长了。我们提出的光纤传输网架构对于实际 DCAR 来说相位和幅度的变化程度还是可观的。我们进一步模拟了由于环境因素引起的相位变化，实现了目标天线移动到附近位置时的重新同步，由于射频信道频率较高，实际中较小的目标移动也会导致同步相位的偏移。

图 6.1.7 为示波器检测到的雷达脉冲自相关函数。示波器后的离线 DSP 对被测信号进行数字下变频和低通滤波。图中呈现了较为清晰的自相关包络，两条虚线分别表示控制分支 1 和控制分支 2 信号的自相关性，深色实线表示两束分支叠加后的自相关，点线是光束叠加的理论结果。从图 6.1.7(a)可以看出，在 AWG 中生成 13 位巴克(Barker)码时，叠加波束与理想曲线基本吻合。叠加光束的能量损失仅为 0.18 dB。控制分支 1、控制分支 2 和 2 分支叠加的测量信号信噪比分别为 29.01 dB、27.72 dB 和 33.81 dB。

从图 6.1.7(b)可以看出，在 AWG 中生成 127 位伪随机二进制序列(PRBS)时深色实线与理想曲线吻合得很好。测量的能量损失只有 0.08 dB。控制分支 1、控制分支 2 和 2 分支叠加的测量信号信噪比分别为 29.85 dB、29.36 dB 和 34.99 dB。

我们提出的光纤传输网同步方案实现了雷达单元的相位编码脉冲产生、时间同步和相位同步等技术。这些技术与传统光纤传输网的信号调制解调与反馈控制技术十分类似，只是信号在光上的分配和处理方式较为新颖。传统光纤传输网的光谱排列只考虑让信号尽量以高谱效率的方式占满所有频带，而光载微波传输系统的光谱频带资源是足够的，信号在光谱上的排布更多是一种为了满足系统功能的巧妙设计。该方案的所有同步技术都是在中心站内实现的，提供了快速同步的可能性。实验结果表明，该同步网络在 DCAR 光束叠加时的能量损失可以忽略不计。

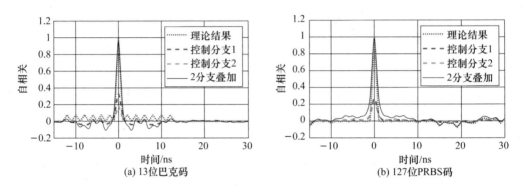

图 6.1.7 采用 13 位巴克码和 127 位 PRBS 码的检测信号的自相关性

6.2 天文信号光纤传输系统数据辅助信道均衡方案

500 m 口径球面射电望远镜（FAST，"天眼"）位于中国贵州，直径为 500 m。天眼的工作频率为 70～3 000 MHz，是这个频率范围内全世界最灵敏的单碟望远镜，并且由于其他国家对大型单体射电望远镜的兴趣不高，天眼很可能在未来五十年内不会被国外的射电望远镜系统超越。图 6.2.1 是天眼的鸟瞰图。一个由 6 个线缆机器人驱动的馈源舱悬挂在反射器上方 140 m 的地方，接收天文无线电信号[403]。图 6.2.2 为线缆机器人的详细结构。钢缆承担了馈源舱和线缆机器人本身的重量。拉绳和光纤垂在钢缆上。由于接收带宽大、观测时间长、数据量过大，馈源舱接收的天文数据无法就地保存。天眼使用光纤将接收到的信号从馈源舱发送到 3 km 外的处理中心。当天眼扫描天空时，钢缆拉动馈源舱并将其保持在所谓的"聚焦面"[403]上。即使在跟踪模式下观测单个目标时，也需要移动馈源舱来补偿地球自转引起的角度变化。在馈源舱移动的过程中，由于馈源舱与电缆塔之间的钢缆长度发生变化，挂在活动夹下方的光纤像窗帘一样滑动。光纤类型为 G.657，这种光纤对弯曲不敏感，保证了光纤发生滑动时功率浮动小。然而，光纤在滑动过程中仍然存在相位漂移效应，这对超长基线干涉测量（VLBI）[404]的观测方式产生了负面影响。通过频率传输技术可以在往返传输中检测相位漂移并进行补偿[398,405～407]，天眼中的相位校正系统也采用了该技术。

由于天文信号的传输实际上是由馈源舱到处理中心的单向传输，相位补偿的需求只发生在处理中心侧。在光通信研究领域，可以对发射信号的相位进行监测的信号恢复技术有两种,即盲均衡和数据辅助均衡[282]。盲均衡,如 CMA、MMA 和 DD-LMS,利用星座的特性进行信号恢复[139,232]。天文信号是天体的辐射,这种信号的模型是白噪声,它的星座信息无法对其进行均衡。数据辅助均衡对调制格式是透明的,系统信道响应可以通过插入的已知数据来估计[244,245,282,408]。但是,如果我们用辅助数据代替部分连续的天文信号,信号信息就会丢失。此外,数据辅助均衡很难识别突发相移。

图 6.2.1　天眼鸟瞰图

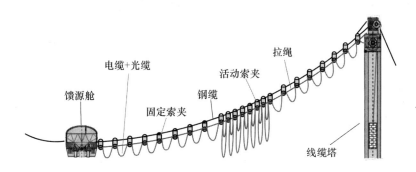

图 6.2.2　线缆机器人的详细结构

目前,天眼已部署了 144 根光纤,支持馈源舱 25 个接收机的信号传输。天眼采用"每纤一个通道"的信号传输方式,即 25 个接收信号通过 25 根不同的光纤传输。因此,传输系统需要监测 25 个信号的独立相位漂移。

在本书中,我们提出了一种数据辅助的信道均衡方案。天文信号不会通过不同的光纤传输,而是通过波分复用(WDM)方法在一根光纤中传输。两个数据辅助通道也在同一根光纤中传输。假设同一光纤中不同波长的信道响应具有线性关系。基于这样的假设,处理中心可以利用两个数据辅助信道的估计信道信息来恢复信道响应,不仅包括相位漂移,还包括不同天文信号的频率相关功率失真。由于采用了 WDM 结构,所提出的方案具有紧凑的系统结构。

图 6.2.3 展示了我们提出的数据辅助信道均衡方案架构。在馈源舱内,有两种类型的光发射机,即数据辅助信道发射机(DCT)和光纤天文信号发射机(ASOFT)。在 ASOFT中,每个天文无线电信号都在光载波上独立调制。天文信号送入 90°电混合器,然后混合器

输出信号分别送到双驱动马赫-曾德调制器（DMZM）的两个臂，从而形成单边带（SSB）调制。单边带信号的优点是可以直接被光电探测器（PD）检测到。

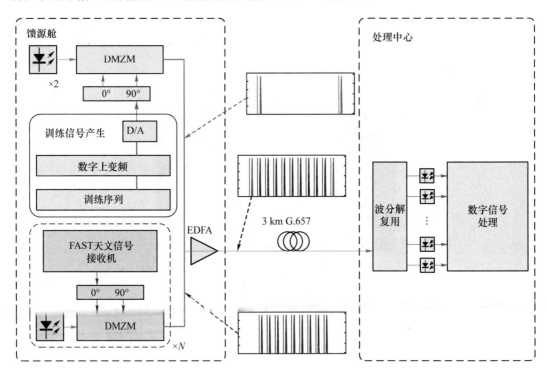

图 6.2.3　数据辅助信道均衡方案架构

ASOFT 输出信号 E_{AT} 可以表示为：

$$E_{\mathrm{AT}} \propto \sum_{i=1}^{N} \exp(j\omega_{\mathrm{oA},i}t) \cdot \left[\exp(jm_iA_i(t)\cos(\omega_{A,i}t)) + \exp\left(j\left(m_iA_i(t)\sin(\omega_{A,i}t) + \frac{\pi}{2} \right) \right) \right]$$

$$(6.11)$$

其中光载波的角频率表示为 $\omega_{\mathrm{oA},i}$；N 是 ASOFT 的数量；对于天文信号，$\omega_{A,i}$ 为其中心射频角频率，$A_i(t)$ 为等效基带信号波形；$m_iA_i(t)=V_i \cdot A_i(t)/V_\pi$ 是调制器上的调制指数，其中 V_i 是天文信号的幅度，V_π 是 DMZM 的半波电压。考虑到天文信号使用小信号调制，式（6.11）可以基于 Jacobi-Anger 展开式展开：

$$E_{\mathrm{AT}} \propto \sum_{i=1}^{N} \exp(j\omega_{\mathrm{oA},i}t) \cdot \left[(1+j)\mathrm{J}_0(m_iA_i(t)) + 2j \cdot \mathrm{J}_1(m_iA_i(t))\exp(j(\omega_{A,i}t)) \right] \quad (6.12)$$

其中 $\mathrm{J}_n(\cdot)$ 是第一类 n 阶贝塞尔函数。

　　在数据辅助信道发射机中，使用两个不同波长的激光器作为数据辅助通道的光载波。训练信号模块产生不断重复的已知无线电信号，信道带宽覆盖天文信号的频率范围。训练信号通过 90°电混合器完成 DMZM 上的单边带调制，使用根号升余弦（RRC）脉冲整形。馈源舱的输出信号为波分复用信号，包含光谱中间的天文信号波段和两侧的数据辅助信道波段。训练信号使用小信号调制，馈源舱的输出信号可表示为：

$$E_T \propto \sum_{i=1}^{N} \exp(j\omega_{oA,i}t) \cdot \left[(1+j)J_0(m_i A_i(t)) + 2j \cdot J_1(m_i A_i(t)) \exp(j(\omega_A,it)) \right] +$$

$$\sum_{k=1}^{2} \exp(j\omega_{os,k}t) \cdot \left[(1+j)J_0(r \cdot s(t)) + 2j \cdot J_1(r \cdot s(t)) \exp(j(\omega_s t)) \right] \quad (6.13)$$

数据辅助信道发射机光载波的角频率为 $\omega_{os,k}$；对于训练信号，ω_s 是其信号中心射频角频率，$s(t)$ 是其等效基带信号波形；$r \cdot s(t) = V_s \cdot s(t)/V_\pi$ 是调制器上的调制深度系数，其中 V_s 是训练信号的输出电压幅度。

经过掺铒光纤放大器（EDFA）后，信号被送上悬挂的光缆。3 km G.657 光纤的理论传输损耗低至 0.6 dB 左右。在信号处理中心站，使用 WDM 解复用器（DEMUX）分离光信号。信号的每个频带 E_{TD} 仅包含一个光载波和一个信号边带，由独立的光探测器（PD）检测。在小信号调制条件下，$J_1(m_i A_i(t)) \approx J_1(m_i) \cdot A_i(t)$，并且 $J_1(r \cdot s(t)) \approx J_1(r) \cdot s(t)$。光探测器的输出光电流由下式给出：

$$i(t) \propto E_{TD} \cdot E_{TD}^* \propto \begin{cases} 2(J_0(r \cdot s(t)))^2 - 4\sqrt{2}J_0(r \cdot s(t))J_1(r)s(t)\sin\left(\omega_s t - \dfrac{\pi}{4}\right) + \\ \qquad\qquad 4(J_1(r)s(t))^2 \\ \qquad\qquad\qquad \text{或} \\ 2(J_0(m_i A_i(t)))^2 - 4\sqrt{2}J_0(m_i A_i(t))J_1(m_i)A_i(t)\sin\left(\omega_A,it - \dfrac{\pi}{4}\right) + \\ \qquad\qquad 4(J_1(m_i)A_i(t))^2, \quad i = 1,2,\cdots,N \end{cases}$$

$$(6.14)$$

在光探测器之后，信号进行联合处理。式（6.14）中的第 1 项是可以数字消除的直流电流，第 3 项是信号-信号差频干扰，其幅度 $4J_1(m_i)^2$ 和 $4J_1(r)^2$ 数值较小，可以忽略不计。对于小信号调制，$J_0(m_i A_i(t)) \approx 1$ 并且 $J_0(r \cdot s(t)) \approx 1$。于是，式（6.14）中的第 2 项就是恢复的天文信号或训练信号。

传输链路可以建模为传统的加性高斯白噪声（AWGN）信道，其中噪声主要是 EDFA 引入的放大自发辐射（ASE）噪声。对于 AWGN 信道，使用具有良好自相关特性的类噪声序列实现最佳估计性能。恒定幅度零自相关（CAZAC）序列具有平坦的傅里叶变换和零自相关，是 AWGN 模型中最大似然信道估计的最佳序列之一[280,281]。我们用于训练序列的 CAZAC 序列也被称为 Zadoff-Chu 序列，定义为

$$c(n) = \begin{cases} e^{j\pi n^2/N}, & N \text{ 为偶数}, \\ e^{j\pi(n-1)^2/N}, & N \text{ 为奇数}, \end{cases} \quad n = 0,1,\cdots,N-1 \quad (6.15)$$

在图 6.2.3 中，我们使用重复的 Zadoff-Chu 序列作为训练序列，如式（6.13）中的 $s(t)$。数字上变频到射频后，训练信号生成模块将数字序列转换为模拟电信号。训练信号带宽大，覆盖 FAST 的频率范围。因此，在处理中心，我们可以估计 FAST 系统在任何频率下的信道响应，包括幅度响应和相位响应。

在数据处理中心站,式(6.14)中的 PD 光电流 $i(t)$ 被数字化并与所有信号波长共同处理,这样能使所有信号工作在同一时钟下。因此,不同波长的信号不会在处理中心受到不同时钟带来的额外相位漂移。我们假设同一传输光纤中不同波长的信道响应具有线性关系,这意味着可以从两个数据辅助信道的估计信道响应中插值出天文信号波段的信道响应。我们提出的均衡方案是基于光纤传输领域的频域均衡算法。事实上,时域均衡算法也可以计算用于信号恢复的均衡滤波器抽头[139,232,234]。然而,时域均衡算法使用传输的符号进行均衡滤波器抽头训练。这种收敛机制导致估计的信道响应不是当前的瞬时响应,而是长期收敛训练的结果。因此,一旦发生相位漂移,时域均衡算法很难立即检测到。频域均衡算法复杂度低,使用训练序列直接估计瞬时相位响应[244,245,282,408,409],适用于信道监测场景。图 6.2.4 展示了数据处理中心站的 DSP 详细流程。信号采集后,数据辅助信道信号首先下变频到基带。然后进行匹配滤波,匹配滤波能提供最佳信噪比(SNR)检测。算法对每个训练序列进行频域信道估计[409],估计的内容是幅度和相位响应与频率的关系。天文信号通道的实时通道响应是从数据辅助通道的两个估计通道响应内插得到的,通过内插的信道响应结果能够计算均衡滤波器抽头。在时域滤波过程中,不仅可以补偿相位漂移,还可以补偿实时频率相关的系统幅度失真。需要指出的是,馈源舱中的发射机不需要外部时钟,因为处理中心可以从信号中恢复发射机的本地时钟。这种时钟恢复可以使用传统的数字时钟恢复算法[235,410~411],或者本书提出的频域估计算法,其中时钟估计来自长期相位响应。具体来说,发射端和接收端之间的时钟频率差是根据接收端相位响应在时间轴上的斜率计算出来的。

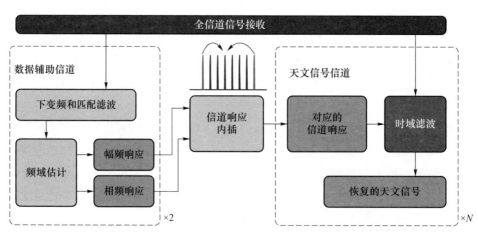

图 6.2.4　数据处理中心站 DSP 详细流程

我们根据图 6.2.3 的架构进行验证性实验平台搭建。为了研究不同波长下信道响应的关系,我们将天文信号用另外两个训练序列信道代替。因此,实验中共有 4 个数据辅助信道以 4 个均匀分布的波长通过光纤传输。图 6.2.5 展示了我们在实验中使用的线缆机器人。线缆机器人是根据天眼的设计图制造的,但是比天眼实装的机器人尺寸小。我们在实验中使用的光缆是与天眼同一批制作的光缆。实验中的钢缆连接到由电动机驱动的悬挂砝码。

实验中,光信号通过了约 60 m G.657 光纤。在图 6.2.1 和图 6.2.2 中,馈源舱和线缆塔之间的电缆长度约为 300 m。天眼的光纤滑动仅发生在可动夹具下方,对应光纤长度小于 100 m。因此,实验中的传输长度与天眼中的传输长度相当。馈源舱端激光器的线宽约为 100 kHz。由任意波形发生器(AWG)生成中心频率为 2 GHz 的 2.4 Gbaud 训练序列。接收端的频率分辨率与训练序列的模式长度线性相关。发射端 RRC 脉冲的滚降系数为 0.1。实验中我们使用 waveshaper(Finisar-4000s)作为 WDM DEMUX。

图 6.2.5　实验线缆机器人

图 6.2.6 为传输链路前后测得的分辨率为 0.02 nm 的信号光谱。深色实线显示了 EDFA 之前的信号光谱,浅色虚线分别代表 WDM DEMUX 后 4 个独立分支的信号频谱。传输的信号通过 EDFA、光纤和 WDM DEMUX 从深色实线光谱分开到其他浅色虚线的光谱。EDFA 提供了 13 dB 的信号功率增益,将信号从 2 dBm 放大到 15 dBm。传输光纤和 WDM DEMUX 产生的总功率损耗为 12 dB,包括了从 1～4 根光纤进行信号分波导致的 6 dB 理论衰减功率。

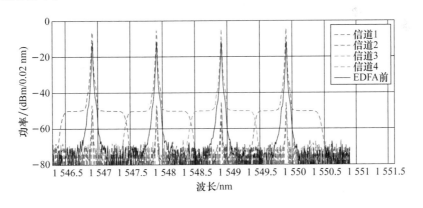

图 6.2.6　测量信号在传输链路前后的光谱

图 6.2.7 给出了实验中 CAZAC 序列的信道估计结果,它反映了传输系统的静态信道响应。接收端信号的频率分辨率与训练序列的模式长度线性相关。信道估计结果均匀分布在 0.8～3.2 GHz 的 128 个频点上。由于滚降系数为 0.1,从 0.92～3.08 GHz 的 115〔由 $128×(1-0.1)$ 计算而得〕个结果如图 6.2.7 所示。图 6.2.7(a)显示了幅度响应,而图 6.2.7(b)显示了相位响应。系统的传输损伤,特别是在图 6.2.7(a)展示的损伤是传输系统器件的频率相关损伤,来自 AWG、调制器、PD 和处理器的带宽限制效应。必须强调的

是,AWG 的带宽限制效应仅发生在数据辅助信道中。因此在实际场景中,AWG 需要对其幅度响应进行预补偿。

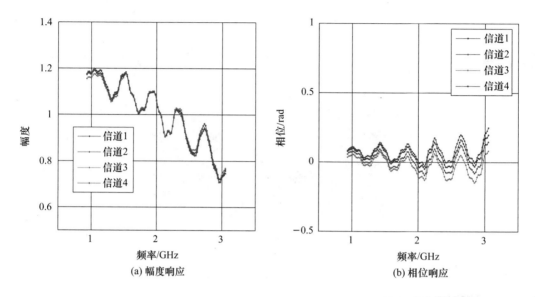

(a) 幅度响应　　　　　　　　　　　　(b) 相位响应

图 6.2.7　系统使用 CAZAC 序列的信道估计结果

图 6.2.8(a)显示了信道 1 基于 50 次重复训练序列估计的幅度响应。一个训练序列持续时长为 53.3 ns。由于系统存在 ASE 噪声,估计的幅度响应会产生波动。图 6.2.8(b)是图 6.2.8(a)中所有点在时域上的叠加。由于每个信道估计都是基于不同时间的训练序列,干扰不同信道估计的噪声之间是不相关的,因此,通过对估计结果进行平均,就可以有效降低噪声对估计的影响。理论上,在静态信道条件下,估计精度与平均的训练序列个数呈正相关。图 6.2.8(c)是估计的幅度响应结果与附近 4 个结果的平均值。图 6.2.8(c)表明,通过对训练序列重复的估计结果进行平均,能减少由 ASE 噪声引起的信道估计偏差。

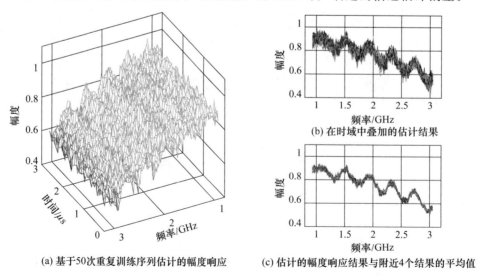

(a) 基于50次重复训练序列估计的幅度响应　　(c) 估计的幅度响应结果与附近4个结果的平均值

图 6.2.8　训练序列估计的幅度响应随时间变化的结果

图 6.2.9(a)显示了信道 1 基于 50 次重复训练序列估计的相位响应。估计的相位响应也会因系统 ASE 噪声而波动。图 6.2.9(b)是图 6.2.9(a)中所有点在时域上的叠加。图 6.2.9(c)是估计的相位响应与附近 4 个结果的平均值。图 6.2.9(c)表明,估计的相位响应偏差也可以通过对训练序列重复进行平均来减轻。对于实际系统中的移动光缆,信号的相位会发生漂移。结果的平均数量不能太大,因为这会导致较大的计算复杂度,而且单个计算结果就会占用很长的训练序列周期,从而削弱跟踪突然相位变化的能力。在极端情况下,如果相移变化很快,长期平均会抹掉平均时间长度内的相变信息,导致估计结果不能准确反映真实的瞬时相位响应。在实际应用中,平均长度应根据系统的要求进行优化。

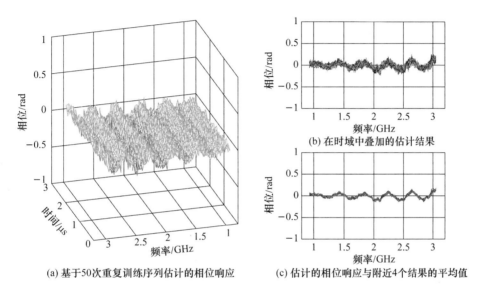

(a) 基于50次重复训练序列估计的相位响应

(b) 在时域中叠加的估计结果

(c) 估计的相位响应与附近4个结果的平均值

图 6.2.9 训练序列估计的相位响应随时间变化的结果

通过打开驱动电机,图 6.2.5 中的悬挂砝码可以上下移动,牵引钢索前后移动。悬挂的光缆由于活动夹的滑动产生无规律的滑动。天眼的实际运动是馈源舱被多条钢缆拉动。显然,对于天眼系统中的每根钢缆,其下方悬挂的光纤的滑动模式与实验中发生的滑动是一致的。图 6.2.10(a)显示了较长观测时间内的相位漂移结果。在 90 s 的持续时间内展示了 8 个估计的相位响应结果,每条相位响应曲线是 50 个训练序列的估计结果的平均值。图 6.2.10(b)是图 6.2.10(a)所有曲线在时域的叠加,叠加时去除了不同观测时间结果之间的整体相位偏移。图 6.2.10(b)显示,在去除整体相位偏移后,估计的相位响应几乎重叠。每个通道的详细相位响应显示在图 6.2.10(b)的插图中。因为每条曲线都是 50 个估计结果的平均值,所以估计偏差较小。图 6.2.10 表明,尽管检测到的整体相移不规则,但不同通道之间的相位关系时钟保持不变。因此,我们的实验验证了相位响应的线性关系,这意味着在实际中可以通过数据辅助通道来恢复天文信号通道的相位响应。

本节我们提出了一种数据辅助信道均衡方案,该方案作为一种新技术解决了天眼信号传输系统中的相位漂移问题。通过概念验证实验验证了同一光纤中不同波长之间线性相位关系的假设。基于这个假设,处理中心可以利用两个数据辅助信道的估计信息来恢复不同天文信号的宽带信道响应,包括相位响应和幅度响应。由于馈源舱内的所有接收信号均采用波分复用方式在同一根光纤中传输,所有天文信号通道的信号恢复只需要两条数据辅助通道,使得系统结构非常简单。实验中,通过对重复训练序列估计结果进行取平均值,可以显著降低估计结果的噪声下波动。该方案具有结构简单、监测带宽大、估计精度高、模块化等优点,为射电望远镜 VLBI 观测提供了一种很有前景的新解决方案。

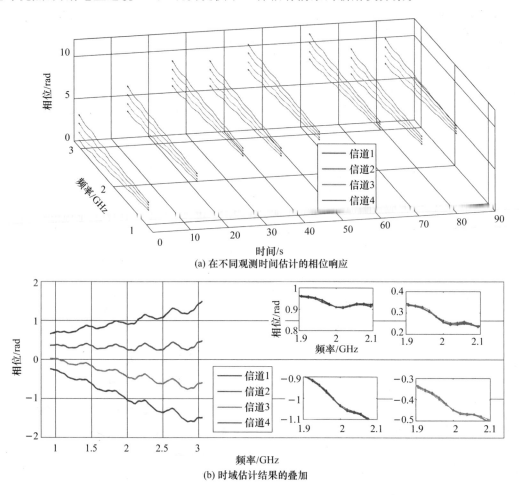

(a) 在不同观测时间估计的相位响应

(b) 时域估计结果的叠加

图 6.2.10   在不同观测时间估计的相位响应及时域估计结果的叠加

6.3 本章小结

本章主要展示了光纤传输系统在其他领域应用的两个案例。光纤传输领域的研究包含通信领域的光纤传输部分,也包含光子物理学领域的光通信部分。光纤传输的各种技术经常会与其他领域的技术产生交叉,往往光纤传输的某项技术在别的领域中也能生效,或者别的领域的技术被引入光纤传输中解决了某个问题。本章的两个案例就属于前一种情况。但是,从技术根源角度来讲,本章中用到的光纤传输均衡技术实际上并不是光纤传输领域独创的。这反映了更普遍的现象,即一个具体技术的各项细节本身很可能来自不同的技术领域。

在光传输技术应用于光载微波链路时,我们对比这两个领域系统的细节就能发现,一个系统的组成取决于其运行逻辑,而基础运行逻辑主要取决于所使用的器件的特性。具体而言,为什么分布式相参雷达需要使用光纤互联?为什么天眼需要使用光纤将信号送到中心站?用电缆不行吗?这就涉及光通信的本质优势之一——低传输损耗。相较于电缆大约 1 dB/m 的传输损耗,光纤的传输损耗大约为 0.2 dB/km。尽管光纤中有特性复杂的传输损伤效应,甚至其中的非线性损伤效应直到现在都没有完美的消除办法,但是光纤的低传输损耗是一种无法比拟的优势,从而让系统设计者坚持使用它。

第 7 章　总　　结

本书首先对光纤通信的发展历程进行了简述,虽然第 1 章的篇幅达到 30 页左右,但这是对光纤通信领域近 40 年发展历程的介绍,只能称之为简述。近几十年光纤通信的发展是由一项项革新技术推动的,而革新技术往往是基于新材料(比如各种光纤、EDFA)或者新器件(高速模数转换器、高速 DSP 模块)而提出的。光纤传输系统的发展其实源于工业界和研究者们对系统传输容量的一次次挑战。从我们给出的 3 个主要时间点来看,2000 年左右单根光纤传输系统容量为 Tbit/s 级,到了 2010 年左右传输系统容量开始接近非线性香农限的 100 Tbit/s,而 2021 年,通过空分复用技术,最新的英雄实验传输容量达到了 100 Pbit/s。虽然评价一个系统只谈容量不谈传输距离不是很合理,但是单从容量数值方面来看我们还是能感受到这个领域的发展速度。光纤通信的发展从研究人员方面分为了实验室研究和工业界研发两条主线,其下又分为单通道容量、光纤总容量、组网技术等 3 个研究对象和内容。

讲述完发展史后,本书基于当前的光纤通信发展现状对该领域的发展趋势进行了分析,尽管空分复用技术在近 10 年的发展中饱受质疑,但是其技术发展的速度逐渐让研究者们打消了质疑的念头,无论这项技术成本如何,空分复用似乎真的是当下容量紧缩问题的唯一解。而国家的认可又给空分复用技术盖上了通行证——"十四五"规划中已经开始了对空分复用技术的各方面研究。

本书对近些年的光纤通信革新技术进行了研究,包括信号调制和均衡技术、系统超级信道组成技术和光非线性补偿技术。

信号调制技术是从通信原理中的无码间串扰原则发展而来,在发展中,DSP 芯片的优势最终形成了数字脉冲成形的信号调制范式。信号均衡技术的关键部分是基于当前相干接收机的均衡研究,书中对时域均衡和频率均衡都进行了详细的描述,虽然光纤通信中这种二者相争的情况总是会因为一方的优势而最终形成唯一范式,但是原理上时域均衡和频率均衡都是对信道响应的线性补偿,它们的本质是同源的,最终效果上不会有太大区别,所以出现了当今系统二者皆有广泛应用的情况。本书对信号调制和均衡技术进行了研究。我们提出了一套数字滤波频域均衡方案,该方案兼顾了系统复杂度和信号性能。针对低残留色散场景,提出了一种频域估计时域均衡的算法,该算法在频域进行信道估计,而在时域进行均衡,信号无须组合成块(block),相对于传统的频域均衡算法具有较低的复杂度和冗余。为验证上述方案,本书完成了 3 个数字滤波频域均衡 Nyquist-WDM 系统实验,信号分别为 387.5 Gbit/s 16QAM、1.76 Tbit/s 16QAM 和 2.60 Tbit/s 64QAM,在标准单模光纤上分别传输了 240 km、714 km 和 155 km,谱效率分别为 7.05 bit/(s·Hz)、7.06 bit/(s·Hz) 和 9.45 bit/(s·Hz)。实验结果表明,数字滤波频域均衡的 Nyquist 系统能够实现大容量、高谱效率的目标,实验结果还表明,频域估计时域均衡算法与传统的频域均衡算法、时域均衡算法相比,具有相似的性能,而又兼具后二者的优点,即具有较低的复杂度和冗余。

超级信道组成技术是以组网应用为导向,基于最新的收发机性能发展而成的信道资源排布技术,因此与收发机本身的结构性能和应用场景中的发挥状态息息相关。在组网场景中,由于空分复用技术的发展,超级信道组成技术从早期讨论几个波带组成超级信道的场景逐渐发展成未来要用一个超级信道独占一路纤芯的情况。而超级信道的灵活性也因子载波调制技术得到了大幅提升。本书在这一方向也有研究。我们提出了一种正交波带复用偏移正交振幅调制(OBM-OQAM)超级信道方案。OBM-OQAM 超级信道具有大容量、高谱效率、高灵活度的特点,它的发射端可以在不改变系统硬件结构的情形下提供可变符号速率的 Nyquist-OQAM 波带,接收端可以完成任意波带的单独解调、连续波带的并行解调和整个超级信道的集中解调。与传统的 OFDM-WDM 和 Nyquist-WDM 超级信道相比,OBM-OQAM 超级信道可以完成可变速率收发,具有较大的灵活性,能够适应未来不断增长的用户数量和业务灵活性的需求。同时,本书完成了 400 Gbit/s 单偏振 16QAM OBM-OQAM 超级信道的 400 km 标准单模光纤传输,验证了 OBM-OQAM 超级信道的可行性和功能。在接收端 DSP 算法中我们还提出了自适应的盲相位判决反馈最小均方误差(BPDDLMS)和基于训练序列的盲相位最小均方误差(TS-based BPLMS)算法,算法在均衡前进行载波相位自适应追踪。

尽管 20 世纪 80 年代就有了光非线性补偿的研究,光非线性补偿仍然是目前光通信领域少有的未被完全攻克的难题。有趣的是,明明研究者在入门时就会学习能够在理论层面清晰地表述非线性问题的 Manakov 方程,然而由于实际系统中瞬时功率这一关键参数的信息缺失,光非线性补偿问题至今无法完美解决。这一研究方向出现的大量研究内容几乎穷尽各种方法尝试从各种角度解决这一问题,使得光非线性补偿成为了一个技术内容非常"臃肿"的领域。当前光克尔非线性补偿的难点在于 WDM 系统信道间 XPM 的消除。本书的研究从有 XPM 补偿功能的 PCTW 系列方案入手,提出使用共轭重复数据(CDR)方案补偿 WDM 系统的光克尔非线性,包含 SPM、信道内 XPM 和信道间 XPM。CDR 方案在相邻数据中使用了共轭数据对,它们在大链路色散下能够产生符号相反的非线性相移,从而可互相抵消。本书搭建了 11 ×32 Gbaud 16QAM PDM-Nyquist-WDM 实验传输系统,验证了所提的 CDR 方案,并与多种非线性补偿方案进行了对比,包括 RLS 滤波法、数字反传(DBP)和相位共轭波(PCTW)方案。实验表明,CDR 方案和 RLS 滤波法在 Nyquist-WDM 系统中均可有效补偿光克尔非线性损伤,特别是可补偿信道间 XPM,首次用实验验证了 CDR 方案和 RLS 滤波法能够补偿光纤非线性。CDR 方案和 PCTW 方案可使信号 Q^2 值提升约 3.2 dB,其中 1.5 dB 是补偿光克尔非线性的结果,另外 1.7 dB 是因为这两个方案牺牲了一半的数据率而带来的固有信噪比提升。数字补偿算法（RLS 和 DBP）不会牺牲数据率，但性能不如 CDR 方案和 PCTW 方案；联合 RLS 和 DBP 算法可实现约 1.0 dB 的 Q^2 值增益，接近 CDR 和 PCTW 方案。

本书最后进行了光纤传输技术在其他领域的应用研究，具体而言是将光纤传输系统的信号调制、配置、均衡、补偿技术应用在了光载微波系统之中，为分布式相参雷达和天眼系统提供了新的光纤传输系统方案。提出的分布式相参雷达光纤传输网架构实现了雷达单元的相位编码脉冲生成、时间同步和相位同步，所有同步技术都在中心站内部实现，提供了快速同步的可能性。实验结果表明，所提出的同步网络对于半径 10 km 的 DCAR 系统信号传输相位浮动小于 $10°$，在目标点波束叠加中实现的能量损失可以忽略不计。本书提出的数据辅助信道均衡方案能够作为一种新技术来解决天眼信号传输系统中的相位漂移问题。我们在实验中验证了同一光纤中不同波长之间线性相位关系的假设。基于这个假设，处理中心可以利用两个数据辅助信道的估计信道信息来恢复不同天文信号的宽带信道响应，包括相位响应和幅度响应。数据辅助信道均衡方案具有结构简单、监测带宽大、估计精度高、模块化好等优点，同时为射电望远镜 VLBI 观测提供了一种很有前景的新解决办法。

最后，笔者想对光纤传输技术本身阐述一下自己的看法。如同 0.3 节的讨论，有一个触及光纤传输系统的本质问题，就是一个系统，为什么要用光纤？通过观察和总结实际中使用了光纤的系统，会得到如下结论。一个系统使用光纤，那么必然是因为光纤在其中发挥了两大优势之中的至少一种。一种优势是低损耗，标准单模光纤具有 0.2 dB/km 的超低损耗，这是除真空电磁波传输之外的损耗最低的信号稳定传输介质。另一种优势是宽带，如前文图 2.3.1 所示，光纤可以有高达 1 000 nm 的低损耗传输带宽，其中常用的 C 波段也有 40 THz 的带宽，这比目前计算机信息处理的速度高得多。因此，当研究者在讨论一项有关光纤的新技术的时候，往往需要问自己一个问题，我为什么要在这里用光纤呢？这也是笔者写到本书最后的一个顾虑。本书通篇都在讲光纤传输系统，以及光纤传输系统各种提升性能的技术，而对于读者来说，在读完整本书后最应该留下印象的应该不仅是这项或者那项技术有什么好，而是应该明白，光纤有什么好。

参 考 文 献

［1］ KAO K，HOCKHAM A G. Dielectric-fibre surface waveguides for optical frequencies［J］.
proc. IEE，July 1966，113(7):1151-1158.

［2］ Cisco Visual Networking Index:Forecast and Methodology，2016-2021［R］. Cisco
Corporation,June 2017. https://www. reinvention. be/webhdfs/v1/docs/complete-
white-paper-c11-481360. pdf.

［3］ Cisco Annual Internet Report（2018-2023）White Paper［R］. Cisco Corporation,
March 2020. https://www. cisco. com/c/en/us/solutions/collateral/executive-
perspectives/annual-internet-report/white-paper-c11-741490. html.

［4］ SHANNON C. A mathematical theory of communication［J］. Bell System Tech. J. ,
1948，27:379-423.

［5］ MITRA P，STARK J. Nonlinear limits to the information capacity of optical fibre
communications［J］. Nature，2001，411(6841):1027-1030.

［6］ WINZER P，NELSON D，CHRAPLYVY A A. Fiber-optic transmission and networking:
the previous 20 and the next 20 years［J］. Optics Express，2018，26(18).

［7］ Nortel launches first 10 Gbit/s transmission system in Asia［EB/OL］. （1997），
［2022-01-14］. https://www. hpcwire. com/1997/06/13/nortel-launches-first-10-
gbits-transmission-system-in-asia/.

［8］ TRISCHITTA P，COLAS M，GREEN M. ET AL，The TAT-12/13 cable network
［J］. IEEE Commun. Mag. ，1996，34(2):24-28.

［9］ ONAKA H，MIYATA H，ISHIKAWA G，et al. 1. 1 Tb/s WDM transmission over
a 150 km 1. 3 um zero-dispersion single-mode fiber［R］. Optical Fiber Comm. Conf.
(OFC)，1996.

［10］ GNAUCK A H，CHRAPLYVY A R，TKACH R W，et al. One terabit/s transmission
experiment［R］. Optical Fiber Comm. Conf. (OFC)，1996.

［11］ MORIOKA T，TAKARA H，KAWANISHI S，et al. 100 Gbit/s × 10 channel
OTDM/WDM transmission using a single supercontinuum WDM source［R］.
Optical Fiber Comm. Conf. (OFC)，1996.

［12］ CHO J，CHEN X，CHANDRASEKHAR S，et al. Trans-Atlantic field trial using high spectral efficiency probabilistically shaped 64-QAM and single-carrier real-time 250-Gb/s 16-QAM[J]. J. Lightwave Technol, 2018, 36(1):103-113.

[13] ZAMI T, LAVIGNE B, PARDO O B, et al. 31. 2-Tb/s real time bidirectional transmission of 78x400 Gb/s interleaved channels over C band of one 90-km SMF span[R]. Optical Fiber Comm. Conf. (OFC), 2018.

[14] RAYBON G, ADAMIECKI A, CHO J, et al. Single-carrier all-ETDM 1. 08-Terabit/s line rate PDM-64-QAM transmitter using a high-speed 3-bit multiplexing DAC[R]. IEEE Photonics Conf. (IPC), 2015.

[15] SCHUH K, BUCHALI F, IDLER W, et al. Single carrier 1. 2 Tbit/s transmission over 300 km with PM-64 QAM at 100 GBaud[R]. Optical Fiber Comm. Conf. (OFC), 2017.

[16] CHEN X, CHANDRASEKHAR S, RAYBON G, et al. Generation and intradyne detection of single-wavelength 1. 61-Tb/s using an all-electronic digital band interleaved transmitter[R]. Optical Fiber Comm. Conf. (OFC), 2018.

[17] QIAN D, HUANG M, IP E, et al. 101. 7-Tb/s (370×294-Gb/s) PDM 128QAM-OFDM transmission over 3×55-km SSMF using pilot-based phase noise mitigation [R]. Optical Fiber Comm. Conf. (OFC), 2011.

[18] SANO A, KOBAYASHI T, YAMANAKA S, et al. 102. 3-Tb/s (224 × 548-Gb/s) C- and extended L-band all-Raman transmission over 240 km using PDM 64QAM single carrier FDM with digital pilot tone[R]. Optical Fiber Comm. Conf. (OFC), 2012.

[19] RENAUDIER J, MESEGUER A C, GHAZISAEIDI A, et al. First 100-nm continuous-band WDM transmission system with 115Tb/s transport over 100km using novel ultra-wideband semiconductor optical amplifiers[R]. European Conf. on Optical Comm. (ECOC), 2017.

[20] OLSSON S L I, CHO J, CHANDRASEKHAR S, et al. Record-high 17. 3-bit/s/Hz spectral efficiency transmission over 50 km using probabilistically shaped PDM 4096-QAM[R]. Optical Fiber Comm. Conf. (OFC), 2018.

[21] CAI J X, BATSHON H G, MAZURCZYK M V, et al. 51. 5 Tb/s capacity over 17, 107 km in C + L bandwidth using single mode fibers and nonlinearity compensation[R]. European Conf. on Optical Comm. (ECOC), 2017.

[22] TURUKHIN A V, SINKIN O V, BATSHON H G, et al. High capacity ultralong-haul power efficient transmission using 12-core fiber[J]. J. Lightwave Technol, 2017, 35(4): 1028-1032.

[23] KERDOCK R S, WOLAVER D H. Atlanta fiber system experiment: results of the

Atlanta experiment[J]. Bell Syst. Tech. J., 1978, 57(6):1857-1879.

[24] MEARS R J, REEKIE L, JAUNCEY I M, et al. Low-noise erbium-doped fibre amplifier operating at 1.54μm[J]. Electron. Lett, 1987, 23(19):1026-1028.

[25] DESURVIRE E, SIMPSON J R, BECKER P C. High-gain erbium-doped traveling-wave fiber amplifier[J]. Opt. Lett. , 1987, 12(11):888-890.

[26] AGRAWAL G. Nonlinear Fiber Optics[M]. 5th ed. Oxford: Academic Press, 2012.

[27] FORGHIERI F, TKACH R W, Chraplyvy A R. Fiber nonlinearities and their impact on transmission systems [M]. Academic Press: Optical Fiber Telecommunications IIIA, 1997 :196-264.

[28] CHRAPLYVY A R, TKACH R W, WALKER K L. Optical fiber for wavelength division multiplexing[P] U. S. Patent 5327516, 1994.

[29] CHRAPLYVY A R, GNAUCK A H, TKACH R W, et al. 8 × 10 Gb/s transmission through 280 km of dispersion-managed fiber[J]. IEEE Photonics Technol. Lett. , 1993, 5(10):1233-1235.

[30] TKACH R W, DEROSIER R M, GNAUCK A H, et al. Transmission of eight 20-Gb/s channels over 232 km of conventional singlemode fiber [J]. IEEE Photonics Technol. Lett. , 1995, 7(11):1369-1371.

[31] ESSIAMBRE R, WINZER P J, GROSZ D F. Impact of DCF properties in system design[M]. Springer: Fiber Based Dispersion Compensation, 2007 :425-496.

[32] VENGSARKAR A M, MILER A E, REED A W A. Highly efficient single-mode fiber for broadband dispersion compensation [R]. Optical Fiber Comm. Conf. (OFC), 1993.

[33] VENGSARKAR A M, MILLER A E, HANER M, et al. Fundamental-mode dispersion-compensating fibers: Design considerations and experiments [R]. Optical Fiber Comm. Conf. (OFC), 1994.

[34] FOSCHINI G J, POOLE C D. Statistical theory of polarization dispersion in single mode fibers[J]. J. Lightwave Technol. , 1991, 9(11):1439-1456.

[35] GORDON J P, KOGELNIK H. PMD fundamentals: Polarization mode dispersion in optical fibers[J]. Natl. Acad. , 2000, 97(9):4541-4550.

[36] KOGELNIK H, JOPSON R M, NELSON L E. Polarization-mode dispersion[M]. Academic Press: Optical Fiber Telecommunications IVB, 2002 :35-86.

[37] BRODSKY M, FRIGO N J, BORODITSKY M, et al. Polarization mode dispersion of installed fibers[J]. J. Lightwave Technol. , 2006, 24(12):4584-4599.

[38] HART A C, HUFF R G, et al. Method of making a fiber having low polarization mode dispersion due to a permanent spin[P]. U. S. Patent 5298047, 1994.

[39] CHRAPLYVY A R, NAGEL J A, TKACH R W. Equalization in amplified WDM lightwave transmission systems[J]. IEEE Photonics Technol. Lett., 1992, 4(8): 920-922.

[40] CHRAPLYVY A R, TKACH R W, REICHMANN K C, et al. End-to-end equalization experiments in amplified WDM lightwave systems[J]. IEEE Photonics Technol. Lett., 1993, 5(4):428-429.

[41] GNAUCK A H, DEROSIER R M, CHRAPLYVY A R, et al. 160 Gbit/s (8 × 20 Gbit/s WDM) 300 km transmission with 50 km amplifier spacing and span-by-span dispersion reversal[J]. Electron. Lett., 1994, 30(15):1241-1243.

[42] BERGANO N S, ASPELL J, DAVIDSON C R, et al. Bit error rate measurements of a 14 000 km 5 Gb/s fiber-amplifier transmission system using a circulating loop [J]. Electron. Lett., 1991, 27(21):1889-1890.

[43] TOBA H, ODA K, NAKANISHI K, et al. A 100-channel optical FDM transmission/distribution at 622 Mb/s over 50 km[J]. J. Lightwave Technol., 1990, 8(9):1396-1401.

[44] GNAUCK A H, WINZER P J, CHANDRASEKHAR S, et al. 10 × 224-Gb/s WDM transmission of 28-Gbaud PDM 16-QAM on a 50-GHz grid over 1,200 km of fiber[R]. Optical Fiber Comm. Conf. (OFC), 2010.

[45] MCCARTHY M E, SUIBHNE N M, LE S T, et al. High spectral efficiency transmission emulation for non-linear transmission performance estimation for high order modulation formats[R]. European Conf. on Optical Comm. (ECOC), 2014.

[46] BERGANO N S, DAVIDSON C R. Circulating loop transmission experiments for the study of long-haul transmission systems using erbium-doped fiber amplifiers [J]. J. Lightwave Technol., 1995, 13(5):879-888.

[47] LEE S, YU Q, YAN L S, et al. A short recirculating fiber loop testbed with accurate reproduction of Maxwellian PMD statistics[R]. Optical Fiber Comm. Conf. (OFC), 2001.

[48] NISSOV M, CAI J, PILIPETSKII A N, et al. Q-factor fluctuations in long distance circulating loop transmission experiments[R]. Optical Fiber Comm. Conf. (OFC), 2004.

[49] GNAUCK A H, CHANDRASEKHAR S, CHRAPLYVY A R. Stroboscopic BER effects in recirculating-loop optical transmission experiments[J]. IEEE Photonics Technol. Lett., 2005, 17(9):1974-1976.

[50] B. GOWAN. The story behind the founding of Ciena[EB/OL]. [2022-01-14]. http://www. ciena. com/insights/articles/Ciena20-The-Founding-of-Ciena _ prx.

html.

[51] BERGANO N S. Wavelength division multiplexing in long-haul transoceanic transmission systems[J]. J. Lightwave Technol., 2005, 23(12):4125-4139.

[52] BERGANO N. Undersea communication systems[M]. Academic Press: Optical Fiber Telecommunications IVB, 2002:154-197.

[53] BIGO S. Technologies for global telecommunications using undersea cables[M]. Academic Press: Optical Fiber Telecommunications VB, 2008:561-610.

[54] TAKEHIRA K. Submarine system powering[M]. Academic Press: Undersea Fiber Communication Systems, 2016.

[55] PILIPETSKII A. High capacity submarine transmission systems[R]. Optical Fiber Comm. Conf. (OFC), 2015.

[56] PILIPETSKII A. The role of SDM in future transoceanic transmission systems [R]. European Conf. on Optical Comm. (ECOC), 2017.

[57] DAR R, WINZER P J, CHRAPLYVY A R, et al. Cost-optimized submarine cables using massive spatial parallelism[J]. J. Lightwave Technol., 2018, 36(18): 3855-3865.

[58] HASEGAWA A, Tappert F. Transmission of stationary nonlinear optical pulses in dispersive dielectric fibers. I. Anomalous dispersion[J]. Appl. Phys. Lett., 1973, 23(3):142-144.

[59] MOLLENAUER L F, STOLEN R H, GORDON J P. Experimental observation of picosecond pulse narrowing and solitons in optical fibers[J] Phys. Rev. Lett., 1980, 45(13), 1095-1098.

[60] TURITSYN S K, BALE B G, FEDORUK M P. Dispersion-managed solitons in fibre systems and laser[J]. Phys. Rep, 2012, 521(4):135-203.

[61] MOLLENAUER L F, GORDON J P, MAMYSHEV P V. Solitons in high-bit-rate, long-distance transmission [M]. Academic Press: Optical Fiber Telecommunications IIIA, 1997:373-460.

[62] GORDON J P, HAUS H A. Random walk of coherently amplified solitons in optical fiber transmission[J]. Opt. Lett., 1986, 11(10):665-667.

[63] MOLLENAUER L F, GORDON J P, EVANGELIDES S G. The sliding-frequency guiding filter: An improved form of soliton jitter control[J]. Opt. Lett., 1992, 17 (22):1575-1577.

[64] YAMAMOTO S, TAGA H, MORITA I, et al. Reduction of Gordon-Haus timing jitter by periodic dispersion compensation in soliton transmission[J]. Electron. Lett., 1995, 31(23):2027-2029.

［65］ BERGANO N S，DAVIDSON C R，MA M，et al. 320 Gb/s WDM transmission (64 × 5 Gb/s) over 7200 km using large mode fiber spans and chirped return-to-zero signals［R］. Optical Fiber Comm. Conf. (OFC)，1999.

［66］ MENYUK C R，CARTER G M，KATH W K，et al. Fiber nonlinearities and their impact on transmission systems ［M］. Academic Press：Optical Fiber Telecommunications 1VB，2002 ：305-328.

［67］ FISHMAN D A，THOMPSON W A，VALLONE L. LambdaXtreme ® transport system：R&D of a high capacity system for low cost，ultra long haul DWDM transport［J］. Bell Labs Tech. J. ，2006，11(2)：27-53.

［68］ WINZER P J，RAYBON G，SONG H，et al. 100-Gb/s DQPSK transmission：From laboratory experiments to field trials［J］. J. Lightwave Technol. ，2008，26(20)：3388-3402.

［69］ PRATT A R，HARPER P，ALLESTON S B，et al. 5,745 km DWDM transcontinental field trial using 10 Gbit/s dispersion managed solitons and dynamic gain equalization［R］. Optical Fiber Comm. Conf. (OFC)，2003.

［70］ HASEGAWA A，KODAMA Y. Solitons in Optical Communications［M］. Oxford：Clarendon Press，1995.

［71］ DAR R，FEDER M，MECOZZI A，et al. Pulse collision picture of inter-channel nonlinear interference in fiber-optic communications［J］. J. Lightwave Technol. ，2016，34(2)：593-607.

［72］ TURITSYN S K，PRILEPSKY J E，LE S T，et al. Nonlinear Fourier transform for optical data processing and transmission：advances and perspectives［J］. Optica，2017，4(3)：307-322.

［73］ WINZER P J，NEILSON D T. From scaling disparities to integrated parallelism：A decathlon for a decade［J］. J. Lightwave Technol. ，2017，35(5)：1099-1115.

［74］ FORD J E，AKSYUK V，WALKER J A，et al. Wavelength-selectable add/drop with tilting micro mirrors［R］. IEEE LEOS Annual Meeting，1997.

［75］ FISHMAN D A，YING J，LIU X，et al. Optical add/drop multiplexer with asymmetric bandwidth allocation and dispersion compensation for hybrid 10-Gb/s and 40-Gb/s DWDM transmission［R］. Optical Fiber Comm. Conf. (OFC)，2006.

［76］ ONAKA H，MIYATA H，ISHIKAWA G，et al. 1. 1 Tb/s WDM transmission over a 150 km 1. 3 um zero-dispersion single-mode fiber［R］. Optical Fiber Comm. Conf. (OFC)，1996.

［77］ GNAUCK A H，CHRAPLYVY A R，TKACH R W，et al. One terabit/s transmission experiment［R］. Optical Fiber Comm. Conf. (OFC)，1996.

[78] MORIOKA T，TAKARA H，KAWANISHI S，et al. 100 Gbit/s × 10 channel OTDM/WDM transmission using a single supercontinuum WDM source［R］. Optical Fiber Comm. Conf. (OFC)，1996.

[79] FUKUCHI K，KASAMATSU T，MORIE M，et al. 10. 92-Tb/s (273 × 40 Gb/s) triple-band/ultra-dense WDM optical-repeatered transmission experiment［R］. Optical Fiber Comm. Conf. (OFC)，2001.

[80] BIGO S，FRIGNAC Y，CHARLET G，et al. 10. 2 Tbit/s (256 42. 7 Gbit/s PDM/WDM) transmission over 100 km TeraLight^{TM} fiber with 1. 28 bit/s/Hz spectral efficiency［R］. Optical Fiber Comm. Conf. (OFC)，2001.

[81] GNAUCK A H，CHARLET G，TRAN P，et al. 25. 6-Tb/s C+L-band transmission of polarization-multiplexed RZ-DQPSK signals［R］. Optical Fiber Comm. Conf. (OFC)，2007.

[82] ESSIAMBRE P J W R. Advanced optical modulation formats［J］. IEEE，2006，94(5):952-985.

[83] WINZER A H G P J. Optical phase-shift-keyed transmission［J］. J. Lightwave Technol. ，2005，23(1):115-130.

[84] KIKUCHI T O K. Coherent Optical Fiber Communications［M］. Berlin: Springer，1988.

[85] LINKE R A，GNAUCK A H. High-capacity coherent lightwave systems［J］. J. Lightwave Technol. ，1988，6(11):1750-1769.

[86] DERR F. Optical QPSK transmission system with novel digital receiver concept［J］. Electron. Lett. ，1991，27(23):2177-2179.

[87] DERR F. Coherent optical QPSK intradyne system: concept and digital receiver realization［J］. J. Lightwave Technol. ，1992，10(9):1290-1296.

[88] FARBERT A，LANGENBACH S，STOJANOVIC N，et al. Performance of a 10. 7-Gb/s receiver with digital equalizer using maximum likelihood sequence estimation［R］. European Conf. on Optical Comm. (ECOC)，2004.

[89] MCGHAN D，LAPERLE C，SAVEHENKO A，et al. 5120 km RZ-DPSK transmission over G652 fiber at 10 Gb/s with no optical dispersion compensation［R］. Optical Fiber Comm. Conf. (OFC)，2005.

[90] BO GOWAN. Coherent optical turns 10: Here's how it was made［EB/OL］. ［2021-01-14］. http://www. ciena. com/insights/articles/Coherent-optical-turns-10-Heres-how-it-was-made-prx. html.

[91] FERCHER A，HITZENBERGER C，STICKER M，et al. Numerical dispersion compensation for partial coherence interferometry and optical coherence

tomography[J]. Opt. Express, 2001, 9(12):610-615.

[92] WANG Z, POTSAID B, CHEN L, et al. Cubic meter volume optical coherence tomography[J]. Optica, 2016, 3(12):1496-1503.

[93] TAYLOR M G. Coherent detection method using DSP for demodulation of signal and subsequent equalization of propagation impairments [J]. IEEE Photonics Technol. Lett. , 2004, 16(2):674-676.

[94] NOE R. PLL-free synchronous QPSK polarization multiplex/diversity receiver concept with digital I/Q baseband processing[J]. IEEE Photonics Technol. Lett. , 2005, 17(4):887-889.

[95] LYGAGNON D, TSUKAMOTO S, KATOH K, et al. Coherent detection of optical quadrature phase shift keying signals with carrier phase estimation[J]. J. Lightwave Technol. , 2006, 24(1):12-21.

[96] SAVORY S J, STEWART A D, WOOD S, et al. Digital equalization of 40 Gbit/s per wavelength transmission over 2480 km of standard fibre without optical dispersion compensation[R]. European Conf. on Optical Comm. (ECOC), 2006.

[97] LEVEN A, KANEDA N, KLEIN A, et al. Real-time implementation of 4. 4 Gbit/s QPSK intradyne receiver using field programmable gate array [J]. Electron. Lett. , 2006, 42(24):1421-1422.

[98] FLUDGER C R S, DUTHEL T, WUTH T, et al. Uncompensated transmission of 86 Gbit/s polarization multiplexed RZ-QPSK over 100 km of NDSF employing coherent equalization[R]. European Conf. on Optical Comm. (ECOC), 2006.

[99] CHARLET G, MAAREF N, RENAUDIER J, et al. Transmission of 40 Gb/s QPSK with coherent detection over ultra-long distance improved by nonlinearity mitigation[R]. European Conf. on Optical Comm. (ECOC), 2006.

[100] SUN H, WU K, ROBERTS K. Real-time measurements of a 40 Gb/s coherent system[R]. Opt. Express, 2008.

[101] PERRIN S. Deployment and service activation of 100G and beyond[R]. Heavy Reading, 2015.

[102] EISELT N, WEI J, GRIESSER H, et al. First real-time 400G PAM-4 demonstration for inter-datacenter transmission over 100 km of SSMF at 1550 nm[R]. Optical Fiber Comm. Conf. (OFC), 2016.

[103] CHE D, LI A, CHEN X, et al. Rejuvenating direct modulation and direct detection for modern optical communications[J]. Opt. Commun. , 2018, 409:86-93.

[104] MECOZZI A, ANTONELLI C, SHTAIF M. Kramers-Kronig coherent receiver [J]. Optica, 2016, 3(11):1220-1227.

［105］ CHEN X，ANTONELLI C，CHANDRASEKHAR S，et al. Kramers-Kronig Receivers for 100-kmDatacenter Interconnects［J］. J. Lightwave Technol. ，2018，36（1）:79-89.

［106］ ESSIAMBRE R，WINZER P J，LEE W，et al. Electronic predistortion and fiber nonlinearity［J］. IEEE Photonics Technol. Lett. ，2006，18（17）:1804-1806.

［107］ CHARLET G，RENAUDIER J，PARDO O B，et al. Performance comparison of singly-polarized and polarization-multiplexed at 10 Gbaud under nonlinear impairments［R］. Optical Fiber Comm. Conf. （OFC），2008.

［108］ CURRI V，POGGIOLINI P，CARENA A，et al. Dispersion compensation and mitigation of nonlinear effects in 111-Gb/s WDM coherent PM-QPSK systems［J］. IEEE Photonics Technol. Lett. ，2008，20（17）:1473-1475.

［109］ ESSIAMBRE R，KRAMER G，WINZER P J，et al. Capacity limits of optical fiber networks［J］. J. Lightwave Technol. ，2010，28（4）:662-701.

［110］ ESSIAMBRE R，TKACH R W. Capacity Trends and Limits of Optical Communication Networks［J］. IEEE，2012，100（5）:1035-1055.

［111］ TEN S. Ultra low-loss optical fiber technology［R］. Optical Fiber Comm. Conf. （OFC），2016.

［112］ TAMURA Y，SAKUMA H，MORITA K，et al. The first 0. 14-dB/km loss optical fiber and its impact on submarine transmission［J］. J. Lightwave Technol. ，2018，36（1）:44-49.

［113］ HASEGAWA T，YAMAMOTO Y，HIRANO A M，et al. Optimal fiber design for large capacity long haul coherent transmission［Invited］［J］. Opt. Express，2017，25（2）:706-712.

［114］ SPLETT A，KURTZKE C，PETERMANN K. Ultimate transmission capacity of amplified optical fiber communi cation systems taking into account fiber nonlinearities［R］. European Conf. on Optical Comm. （ECOC），1993.

［115］ POGGIOLINI P，BOSCO G，CARENA A，et al. The GN model of fiber non-linear propagation and its applications［J］. J. Lightwave Technol. ，2014，32（4）:694-721.

［116］ CARENA A，BOSCO G，CURRI V，et al. EGN model of non-linear fiber propagation［J］. Opt. Express，2014，22（13）:16335-16362.

［117］ DAR R，FEDER M，MECOZZI A，et al. Accumulation of nonlinear interference noise in fiber-optic systems［J］. Opt. Express，2014，22（12）:14199-14211.

［118］ R. DAR，M. FEDER，A. MECOZZI，Nonlinear Interference Noise Wizard［EB/OL］. ［2022-01-14］. http://nlinwizard. eng. tau. ac. il.

[119] BURRINGTON I. A journey into the heart of Facebook: How the "sharing" company's data centers reveal its values[EB/OL]. 2015[2022-01-14]. https://www.theatlantic.com/technology/archive/2015/12/facebook-data center-tk/418683/.

[120] CHO J, XIE C, WINZER P J. Analysis of soft-decision FEC on non-AWGN channels[J]. Opt. Express, 2017, 20(7):7915-7928.

[121] ALVARADO A, AGRELL E, LAVERY D, et al. Replacing the soft-decision FEC limit paradigm in the design of optical communication systems[J]. J. Lightwave Technol., 2015, 33(20):4338-4352.

[122] ALVARADO A, FEHENBERGER T, CHEN B, et al. Achievable information rates for fiber optics: Applications and computations[J]. J. Lightwave Technol., 2018, 36(2):424-439.

[123] CHO J, SCHMALEN L, WINZER P J. Normalized generalized mutual information as a forward error correction threshold for probabilistically shaped QAM[R]. European Conf. on Optical Comm. (ECOC), 2017.

[124] CHARLTON D, CLARKE S, DOUCET D, et al. Field measurements of SOP transients in OPGW, with time and location correlation to lightning strikes[J]. Opt. Express, 2017, 25(9):9689-9696.

[125] BIRK M, GERARD P, CURTO R, et al. Coherent 100 Gb/s PM-QPSK field trial[J]. IEEE Commun. Mag., 2010, 48(7):52-60.

[126] WINZER P J, GNAUCK A H, RAYBON G, et al. 56-Gbaud PDM-QPSK: Coherent detection and 2,500-km transmission[R]. European Conf. on Optical Comm. (ECOC), 2009.

[127] RAYBON G, ADAMIECKI A L, WINZER P J, et al. Single-carrier 400G interface and 10-channel WDM transmission over 4,800 km using all-ETDM 107-Gbaud PDM-QPSK[R]. Optical Fiber Comm. Conf. (OFC), 2013.

[128] WINZER P J, RAYBON G, DUELK M. 107-Gb/s optical ETDM transmitter for 100G Ethernet transport[R]. European Conf. on Optical Comm. (ECOC).

[129] NAKAZAWA M, YOSHIDA M, KASAI K, et al. 20 Msymbol/s, 64 and 128 QAM coherent optical transmission over 525 km using heterodyne detection with frequency-stabilized laser[J]. Electron. Lett., 2006, 42(12):710-712.

[130] DU L B, LOWERY A J. Optimizing the subcarrier granularity of coherent optical communications systems[J]. Opt. Express, 2011, 19(9):8079-8084.

[131] CAI J X, Mazurczyk M, Sinkin O V, et al. Experimental study of subcarrier multiplexing benefit in 74 nm bandwidth transmission up to 20,450 km[R]. European Conf. on Optical Comm. (ECOC), 2016.

[132] WINZER P J. High-spectral-efficiency optical modulation formats[J]. J. Lightwave Technol., 2012, 30(24):3824-3835.

[133] MA Y, YANG Q, TANG Y, et al. 1-Tb/s per channel coherent optical OFDM transmission with subwavelength bandwidth access[R]. Optical Fiber Comm. Conf. (OFC), 2009.

[134] DISCHLER R, BUCHALI F. Transmission of 1.2 Tb/s continuous waveband PDM-OFDM-FDM signal with spectral efficiency of 3.3 bit/s/Hz over 400 km of SSMF[R]. Optical Fiber Comm. Conf. (OFC), 2009.

[135] CHANDRASEKHAR S, LIU X, ZHU B, et al. Transmission of a 1.2-Tb/s 24-carrier no-guard-interval CO-OFDM superchannel over 7200-km of ultra-large-area fiber[R]. European Conf. on Optical Comm. (ECOC), 2009.

[136] GAVIOLI G, TORRENGO E, BOSCO G, et al. Investigation of the impact of ultra-narrow carrier spacing on the transmission of a 10-carrier 1Tb/s superchannel[R]. Optical Fiber Comm. Conf. (OFC), 2010.

[137] BOSCO G, CURRI V, CARENA A, et al. On the performance of Nyquist-WDM terabit superchannels based on PM-BPSK, PM-QPSK, PM-8QAM or PM-16QAM subcarriers[J]. J. Lightwave Technol., 2011, 29(1):53-61.

[138] GOTO H, KASAI K, YOSHIDA M, ET AL. Polarization-multiplexed 1 Gsymbol/s, 128 QAM (14 Gbit/s) coherent optical transmission over 160 km using a 1.4 GHz Nyquist filter[R]. Optical Fiber Comm. Conf. (OFC), 2008.

[139] ZHOU X, NELSON L E, MAGILL P, et al. PDM-Nyquist 32QAM for 450-Gb/s per-channel WDM transmission on the 50 GHz ITU-T grid[J]. J. Lightwave Technol., 2012, 30(4):553-559.

[140] BUCHALI F, STEINER F, G. BÖCHERER, et al. Rate adaptation and reach increase by probabilistically shaped 64-QAM: An experimental demonstration[J]. J. Lightwave Technol., 2016, 34(7):1599-1609.

[141] OKAMOTO S, TERAYAMA M, YOSHIDA M, et al. Experimental and numerical comparison of probabilistically shaped 4096 QAM and a uniformly shaped 1024 QAM in all-Raman amplified 160 km transmission[J]. Opt. Express, 2018, 26(3):3535-3543.

[142] OLSSON S L I, CHO J, CHANDRASEKHAR S, et al. Probabilistically shaped PDM 4096-QAM transmission over up to 200 km of fiber using standard intradyne detection[J]. Opt. Express, 2018, 26(4):4522-4530.

[143] CHANDRASEKHAR S, LI B, CHO J, et al. High-spectral-efficiency transmission of PDM 256-QAM with parallel probabilistic shaping at record rate-reach trade-offs [R]. European Conf. on Optical Comm. (ECOC), 2016.

[144] MITRA P P, STARK J B. Nonlinear limits to the information capacity of optical fibre communications[J]. Nature, 2001, 411(6841):1027-1030.

[145] ESSIAMBRE R, FOSCHINI G J, KRAMER G, et al. Capacity limits of information transport in fiber optic networks[J]. Phys. Rev. Lett., 2008, 101(16):163901.

[146] MORIOKA T. New Generation Optical Infrastructure Technologies: EXAT initiative towards 2020 and beyond[R]. Opto-Electronics and Comm. Conf., 2009.

[147] CHRAPLYVY A R. The coming capacity crunch[R]. Vienna, Austria, :European Conf. on Optical Comm. (ECOC), 2009.

[148] WAGNER R E, ALFERNESS R C, Saleh A A M, et al. MONET: Multi-wavelength optical networking[J]. J. Lightwave Technol., 1996, 14(6):1349-1355.

[149] ANDERSON W T, JACKEL J, CHANG G, et al. The MONET project - A final report[J]. J. Lightwave Technol., 2000, 18(12):1988-2009.

[150] AUDOUIN, BONNO P, DRION C, et al. Design of a cross-border optical core and access networking field trial: First outcomes of the ACTS-PELICAN project [J]. J. Lightwave Technol., 2000, 18(12):1939-1954.

[151] COLLINGS B. New devices enabling software-defined optical networks[J]. IEEE Commun. Mag., 2013, 51(3):66-71.

[152] NEILSON D T, DOERR C R, MAROM D M, et al. Wavelength selective switching for optical bandwidth management[J]. Bell Labs Tech. J. 11(2), 2006, 11(2):105-128.

[153] BAXTER G, FRISKEN S, ABAKOUMOV D, et al. Highly programmable wavelength selective switch based on liquid crystal on silicon switching elements[R]. Optical Fiber Comm. Conf. (OFC), 2006.

[154] MAROM D M, NEILSON D T, LEUTHOLD J, et al. 64 channel 4×4 wavelength selective cross-connect for 40 Gb/s channel rates with 10 Tb/s throughput capacity [R]. European Conf. on Optical Comm. (ECOC), 2003.

[155] MAROM D M, NEILSON D T, GREYWALL D S, et al. Wavelength selective 1×4 switch for 128 WDM channels at 50 GHz spacing[R]. Optical Fiber Comm. Conf. (OFC), 2002.

[156] DUCELLIER T, BISMUTH J, ROUX S F, et al. The MWS 1×4: A high performance wavelength switching building block[R]. European Conf. on Optical Comm. (ECOC), 2002.

[157] NEILSON D T, DOERR C R, MAROM D M, et al. Wavelength selective switching for optical bandwidth management[J]. Bell Labs Tech. J., 2006, 11(2):105-128.

[158] RHEE J K, GARCIA F, ELLIS A, et al. Variable passband optical add-drop multiplexer using wavelength selective switch[R]. European Conf. on Optical

Comm. (ECOC), 2001.

[159] MOREA A, RENAUDIER J, ZAMI T, et al. Throughput Comparison Between 50-GHz and 375-GHz Grid Transparent Networks [Invited] [J]. J. Opt. Commun. Netw. , 2015, 4(4):159-164.

[160] PATEL A N, JI P N, JUE J P, et al. Defragmentation of Transparent Flexible Optical WDM (FWDM) Networks [R]. Optical Fiber Comm. Conf. (OFC), 2011.

[161] HECHT J. All-optical converters promise improved networks[J]. Laser Focus World, 2001, 4(4):159-164.

[162] CIARAMELLA E. Wavelength conversion and all-optical regeneration: Achievements and open issues[J]. J. Lightwave Technol. , 2012, 30(4):572-582.

[163] WEBSTER J G, LAZAROU I, AVRAMOPOULOS H. All - optical wavelength conversion [M]. J. G. Webster, in Wiley Encyclopedia of Electrical and Electronics Engineering, 2016.

[164] NELSON L E, WOODWARD S L, FOO S, et al. Detection of a single 40 Gb/s polarization-multiplexed QPSK channel with a real-time intradyne receiver in the presence of multiple coincident WDM channels[J]. J. Lightwave Technol. , 2010, 28(20):2933-2943.

[165] ALVIZU R, MAIER G, KUKREJA N, et al. Comprehensive survey on T-SDN: software-defined networking for transport networks[J]. IEEE Comm. Surv. and Tutor. , 2017, 19(4):2232-2283.

[166] SALTZBERG B. Performance of an efficient parallel data transmission system [J]. IEEE Trans. on Commun. , 1967, 15:805-811.

[167] WINZER P J. Spatial multiplexing in fiber optics: The 10x scaling of metro/core capacities[J]. Bell Labs Tech. J. , 2014, 19:22-30.

[168] DESURVIRE E B. Capacity demand and technology challenges for lightwave systems in the next two decades[J]. J. Lightwave Technol. , 2006, 24(12):4697-4710.

[169] TKACH R W. Scaling optical communications for the next decade and beyond [J]. Bell Labs Tech. J. , 2010, 14(4):3-9.

[170] Cisco. Visual Networking Index, Forecast and Methodology[EB/OL]. 2016[2021-01-14]. Available: www. cisco. com/c/en/us/solutions/collateral/service-provider/ip-ngn-ip-next.

[171] SINGH A, GERMANO P, KANAGALA A, et al. Jupiter rising: A decade of Clos topologies and centralized control in Google's datacenter network [J]. Sigcomm, 2015:183-197.

[172] TONG Z, LUNDSTRÖM C, ANDREKSON P A, et al. Towards ultrasensitive optical links enabled by low-noise phase sensitive amplifiers[J]. Nat. Photonics, 2011, 5(7):430-436.

[173] YAMAMOTO Y, KAWAGUCHI Y, HIRANO M. Low-loss and low nonlinearity pure-silica-core fiber for C- and L-band broadband transmission[J]. J. Lightwave Technol., 2016, 34(2):321-326.

[174] IP E, KAHN J M. Compensation of dispersion and nonlinear impairments using digital backpropagation[J]. J. Lightwave Technol., 2008, 26(20):3416-3425.

[175] DAR R, WINZER P J. Nonlinear interference mitigation: Methods and potential gain[J]. J. Lightwave Technol., 2017, 35:903-930.

[176] WINZER P J. Energy-efficient optical transport capacity scaling through spatial multiplexing[J]. IEEE Photonics Technol. Lett., 2011, 23(13):851-853.

[177] RICHARDSON D J. Hollow core fibres and their applications[R]. Optical Fiber Comm. Conf. (OFC), 2017.

[178] WINZER P J. Making spatial multiplexing a reality[J]. Nat. Photonics, 2014, 8 (5):345-348.

[179] PETROVICH M N, POLETTI F, WOOLER J P, et al. Demonstration of amplified data transmission at 2 μm in a low-loss wide bandwidth hollow core photonic bandgap fiber[J]. Opt. Express, 2013, 21(23):28559-28569.

[180] 100G PSM4 specification: Parallel Single Mode 4 lane [EB/OL]. (2014-09-15) [2021-01-14]. www.psm4.org/100G-PSM4-Specification-2.0.pdf.

[181] ZHU B, TAUNAY T F, YAN M F, et al. Seven-core multicore fiber transmissions for passive optical network[J]. Opt. Express, 2010, 18(11):11117-11122.

[182] SAITOH K, MATSUO S. Multicore fiber technology[J]. J. Lightwave Technol., 2016, 34(1):55-66.

[183] RYF R, RANDEL S, GNAUCK A H, et al. Mode-division multiplexing over 96 km of few-mode fiber using coherent 6x6 MIMO processing[J]. J. Lightwave Technol., 2012, 30(4):521-531.

[184] RYF R, FONTAINE N. Space-division multiplexing and MIMO processing[J]. Wiley, 2016, 16, 547-607.

[185] BIGOT M, MOLIN D, JONGH K D, et al. Next-generation multimode fibers for space division multiplexing[R]. Advanced Photonics Congress (IPR), 2017.

[186] FEUER M D, NELSON L E, ZHOU X, et al. Joint digital signal processing receivers for spatial superchannels[J]. IEEE Photonics Technol. Lett., 2012, 24 (21):1957-1960.

［187］ WINZER P J, FOSCHINI G J. MIMO capacities and outage probabilities in spatially multiplexed optical transport systems[J]. Opt. Express, 2011, 19(17):16680-16696.

［188］ RANDEL S, RYF R, SIERRA A, et al. 6×56-Gb/s mode-division multiplexed transmission over 33-km few-mode fiber enabled by 6×6 MIMO equalization[J]. Opt. Express, 2011, 19(17):16697-16707.

［189］ CHEN X, DONG P, CHANDRASEKHAR S, et al. Characterization and digital pre-compensation of electro-optic crosstalk in silicon photonics I/Q modulators [R]. European Conf. on Optical Comm. (ECOC), 2016.

［190］ HO K, KAHN J M. Statistics of group delays in multimode fiber with strong mode coupling[J]. J. Lightwave Technol. , 2011, 29(21):3119-3128.

［191］ KLAUS W, PUTTNAM B J, R. S. LUIS, et al. Advanced space division multiplexing technologies for optical networks[J]. J. Opt. Commun. Netw. , 2017, 9(4):C1.

［192］ ANTONELLI C, SHTAIF M, MECOZZI A. Modeling of nonlinear propagation in space-division multiplexed fiber-optic transmission[J]. J. Lightwave Technol. , 2016, 34(1):36-54.

［193］ RYF R, ALVARADO J C, HUANG B, et al. Long-Distance Transmission over Coupled-Core Multicore Fiber ［R］. European Conf. on Optical Comm. (ECOC), 2016.

［194］ RICHARDSON D J, FINI J M, NELSON L E. Space-division multiplexing in optical fibres[J]. Nat. Photonics, 2013, 7(5):354-362.

［195］ XIA C, AMEZCUACORREA R, BAI N, et al. Low-crosstalk few-mode multi-core fiber for high-mode density space-division multiplexing[R]. European Conf. on Optical Comm. (ECOC), 2012.

［196］ RANDEL S, SIERRA A, RYF R, et al. Crosstalk tolerance of spatially multiplexed MIMO systems[R]. European Conf. on Optical Comm. (ECOC), 2012.

［197］ RANDEL S, CORTESELLI S, BADINI D, et al. First real-time coherent MIMO-DSP for six coupled mode transmission[R]. IEEE Photonics Conf. , 2015.

［198］ SOMA D, WAKAYAMA Y, BEPPU S, et al. 10. 16 Peta-bit/s dense SDM/WDM transmission over low-DMD 6-mode 19-core fibre across C＋L Band［R］. European Conf. on Optical Comm. (ECOC), 2017.

［199］ CLOS C. A study of non-blocking switching networks[J]. Bell Syst. Tech. J. , 1953, 32(2):406-424.

［200］ PESIC J, ROUZIC E L, BROCHIER N, et al. Proactive restoration of optical links based on the classification of events［R］. International Conf. on Optical

Network Design and Modeling（ONDM），2011.

[201] HAUSKE F N，KUSCHNEROV M，SPINNLER B，et al. Optical performance monitoring in digital coherent receivers[J]. J. Lightwave Technol.，2009，27 (16):3623-3631.

[202] SIMSARIAN J，WINZER P J. Shake before break: per-span fiber sensing with in-line polarization monitoring[R]. Optical Fiber Comm. Conf. (OFC)，2017.

[203] KIM Y，SIMSARIAN J E，CHOI N，et al. Cross-layer aware packet-optical link manage-ment in software-defined network operating system[R]. Optical Fiber Comm. Conf. (OFC)，2018.

[204] PROAKIS J，SALEHI M. Digital Communications Fifth Edition[M]. Publishing house of electronics industry，2009.

[205] SCHMOGROW R，HILLERKUSS D，et al. 512QAM Nyquist sinc-pulse transmission at 54Gbit/s in an optical bandwidth of 3GHz[J]. Optics Express，2012，20(6): 6439-6447.

[206] SCHMOGROW R，WINTER M，et al, Real-time Nyquist pulse generation beyond 100 Gbit/s and its relation to OFDM，Optics Express，2011,20(1) ;317-337.

[207] ZHOU X，YU J，et al. 64-Tb/s, 8 b/s/Hz, PDM-36QAM transmission over 320 km using both pre- and post-transmission digital signal processing[J]. Journal of lightwave technology，2011，29(4):571-577.

[208] B. PUTTNAM，R. LUIS，et al.，2.15Pb/s transmission using a 22 core homogeneous single-mode multi-core fiber and wideband optical comb[R]，ECOC,2015.

[209] DONG Z，LI X，et al. 6×128-Gb/s Nyquist-WDM PDM-16QAM generation and transmission over 1200-km SMF-28 with SE of 7. 47 b/s/Hz[J]. Journal of lightwave technology，2012，30(24):4000-4005.

[210] R. SCHMOGROW，M. MEYER，et al.，252 Gb/s real-time Nyquist pulse generation by reducing the oversampling factor to 1.33[R]，OFC,2013.

[211] FISCHER J，LANGHORST C，et al. Transmission of 512SP-QAM Nyquist-WDM signals[R]. ECOC，2014.

[212] MARDOYAN H，MULLER R. Transmission of single-carrier Nyquist-shaped 1-Tb/s line-rate signal over 3,000 km[R]. OFC，2015.

[213] SCHMOGROW R，MEYER M，et al. 150 Gbit/s real-time Nyquist pulse transmission over 150 km SSMF enhanced by DSP with dynamic precision[R]. OFC，2012.

[214] TAKARA H，SANO A，et al. 1. 01-Pb/s (12 SDM/222 WDM/ 456 Gb/s) crosstalk-managed transmission with 91. 4-b/s/Hz aggregate spectral efficiency [R]. ECOC，2012.

［215］ YU J，DONG Z，et al. 30-Tb/s（3×12. 84-Tb/s）signal transmission over 320km Using PDM 64-QAM Modulation［R］. OFC，2012.

［216］ SCHMOGROW R，BENEZRA S，et al. Pulse-shaping with digital，electrical，and optical filters—a comparison［J］. Journal of lightwave technology，2013，31（15）:2570-2577.

［217］ DONG Z，YU J，et al. 7×224 Gb/s/ch Nyquist-WDM transmission over 1600-km SMF-28 using PDM-CSRZ-QPSK modulation［J］. IEEE Photonics technology letters，2012，24(13):1157-1159.

［218］ FREUND R，NOLLE M，et al. Single- and multi-carrier techniques to build up Tb/s per channel transmission systems［R］. ICTON，2010.

［219］ OTUYA D，KASAI K，et al. 1. 92Tbit/s，64QAM coherent Nyquist pulse transmission over 150km with a spectral efficiency of 7. 5bit/s/Hz［R］. OFC，2014.

［220］ HARAKO K，SEYA D，et al. 640Gbaud（1. 28Tbit/s/ch）optical Nyquist pulse transmission over 525 km with substantial PMD tolerance［J］. Optics Express，2013，21(17):21063-21075.

［221］ OTUYA D，KASAI K，et al. A single-channel，1. 6Tbit/s 32 QAM coherent pulse transmission over 150km with RZ-CW conversion and FDE techniques［R］. OFC，2013.

［222］ ZHANG J，YU J，et al. Demonstration of 125-Gbaud all-optical Nyquist QPSK signal generation and full-band coherent detection based on one receiver［R］. ECOC，2014.

［223］ NAKAZAWA M，HIROOKA T，et al. Ultrahigh-speed "orthogonal" TDM transmission with and optical Nyquist pulse train［J］. Optics Express，2012，20（2）:1129-1139.

［224］ CHATELAIN B，LAPERLE C，et al. A family of Nyquist pulses for coherent optical communications［J］. Optics Express，2012，20(8):8397-8416.

［225］ SOTO M，ALEM M，et al. Optical sinc-shaped Nyquist pulses of exceptional quality［J］. Nature Communications，2013，4:2898.

［226］ ZHENG Z，DING R，et al. 387. 5Gb/s，7. 05b/s/Hz，16QAM transmission over 320km using Nyquist SCFDE signals［R］. OECC，2013.

［227］ SCHOMOGROW R，BOUZIANE R. Real-time OFDM or Nyquist pulse generation—Which performs better with limited resources?［J］. Optics Express，2012，20:543-551.

［228］ KOUROGI M，ENAMI T，et al. A monolithic optical frequency comb generator

[J]. IEEE Photonics Techn. Letters, 1994, 6:214-217.

[229] JIANG Z, et al. Spectral line-by-line pulse shaping on an optical frequency comb generator[J]. IEEE J. of Quantum Electro, 2007, 43:1163-1174.

[230] ZHOU X, YU J, QIAN D, et al. High-Spectral-Efficiency 114-Gb/s Transmission Using PolMux-RZ-8PSK Modulation Format and Single-Ended Digital Coherent Detection Technique [J]. J. Lightwave Technol. , 2009, 27(3):146-152.

[231] FATADIN I, SAVORY S J, IVES A D. Compensation of Quadrature Imbalance in an Optical QPSK Coherent Receiver [J]. IEEE Photon. Tech. Letters, 2008, 20(20):1733-1735.

[232] ZHOU X. Digital signal processing for coherent multi-level modulation formats [J]. Chinese Optics Letters, 2010, 8(9):863-870.

[233] MUNJAL A, AGGARWAL V, et al. RLS algorithm for acoustic echo cancellation[R]. COIT, 2008.

[234] ZHANG F, WANG D, et al. erabit Nyquist PDM-32QAM signal transmission with training sequence based time domain channel estimation[J]. Optics Express, 2014, 22(19):23415-23426.

[235] KUSCHNEROV M, HAUSKE F, PIYAWANNO K, et al. DSP for Coherent Single-Carrier Receivers[J]. Journal of Lightwave Technology, 2009, 27(16): 3614-3622.

[236] GODARD D N. Self-Recovering Equalization and Carrier Tracking in Two-Dimensional Data Communication Systems [J]. IEEE Trans. on Commun, 1980, 28(11): 1867-1875.

[237] ZHOU X, YU J, MAGILL P. Cascaded two-modulus algorithm for blind polarization de-multiplexing of 114-Gb/s PDM-8-QAM optical signals[R]. OFC, 2009.

[238] READY M, GOOCH R. Blind equalization based on radius directed adaptation [R]. International Conference on Acoustics, Speech, and Signal Processing, 1990.

[239] LOUCHET H, KUZMIN K, RICHTER A. Improved DSP algorithms for coherent 16-QAM transmission [R]. European Conference on Optical Communication (ECOC), 2008.

[240] FATADIN I, IVES D, SAVORY S. Blind Equalization and Carrier Phase Recovery in a 16-QAM Optical Coherent System [J]. J. Lightwave Tech. , 2009, 27(15):3042-3049.

[241] WINZER P J, GNAUCK A H, DOERR C R, et al. Spectrally Efficient Long-Haul Optical Networking Using 112-Gb/s Polarization-Multiplexed 16-QAM [J]. J. Lightwave Technol, 2010, 28(4):547-556.

[242] ZHOU X, YU J, HUANG M F, et al. 64-Tb/s (640×107-Gb/s) PDM-36QAM

transmission over 320km using both pre- and post-transmission digital equalization [R]. OFC，2010.

[243] A. SPALVIERI AND R. VALTOLINA，Data-aided and phase independent adaptive equalization for data transmissionsystems：European Patent Application，EP 1 089 457 A2 [P]，2000.

[244] KUDO R，KOBAYASHI T，et al. Coherent optical single carrier transmission using overlap frequency domain equalization for long-haul optical systems[J]. J. Lightwave Technol，2009，27(16)：3721-3728.

[245] ZHENG，Z，DING，et al. 1.76Tb/s Nyquist PDM 16QAM signal transmission over 714km SSMF with the modified SCFDE technique[J]. Opt. Express，2013，21：17505-17511.

[246] CHANG F，ONOHARA K，MIZUOCHI A T. Forward error correction for 100 G transport networks[J]. IEEE Commun. Mag，2010，48(3)：S48-S55.

[247] LIU X，CHANDRASEKHAR S，WINZER P J，et al. 1.5-Tb/s guard-banded superchannel transmission over 56×100-km (5600-km) ULAF using 30-Gbaud pilot-free OFDM-16QAM signals with 5.75-b/s/Hz net spectral efficiency[R]. European Conf. Optical Communication (ECOC)，2012.

[248] LEVEN A，KANEDA N，et al. Frequency estimation in intradyne reception[J]. IEEE Photonics Techn. Letters，2007，19(6)：366-368.

[249] LI J，LI L，et al. Laser-linewidth-tolerant feed-forward carrier phase estimator with reduced complexity for QAM[J]. J. Lightwave Technol，2011，29(16)：2358-2364.

[250] SUN H，WU K，et al. Novel 16QAM Carrier Recovery Based on Blind Phase Search[R]. ECOC，2014.

[251] WANG Y，SERPEDIN E，et al. A class of blind phase recovery techniques for higher order QAM modulations：estimators and bounds [J]. IEEE Signal Processing Letters，2002，9(10)：301-304.

[252] SPATHARAKIS C，ARGYRIS N，et al. Frequency offset estimation and carrier phase recovery for high-order QAM constellations using the Viterbi-Viterbi monomial estimator[R]. CSNDSP，2014.

[253] LIU X，CHANDRASEKHAR S，et al. Transmission of a 448-Gb/s reduced-guard-interval CO-OFDM signal with a 60-GHz optical bandwidth over 2000km of ULAF and five 80-GHz-Grid ROADMs[R]. OFC，2009.

[254] XIE X，SUN T，et al. Low-noise and broadband optical frequency comb generation based on an optoelectronic oscillator[J]. Opt. Lett，2014，39：785-788.

[255] Cisco Corporation，Cisco visual networking index：forecast and methodology[EB/

OL]. 2015. http://www. cisco. com/c/en/us/solutions/collateral/service-provider/ip-ngn-ip-next-generation-network/white_paper_c11-481360. pdf.

[256] XIA T J, GRINGERI S, TOMIZAWA A M. High-capacity optical transport net works[J]. IEEE Commun. Mag, 2012, 50(11):170-178.

[257] HAYKIN S. Signal processing: Where physics and mathematics meet[J]. IEEE Signal Processing Mag, 2001, 18(4):6-7.

[258] SAVORY S J. Digital coherent optical receivers: Algorithms and subsystems[J]. IEEE J. Select. Topics Quantum Electron, 2010, 16(5):1164-1179.

[259] LOTZ T H, LIU X, CHANDRASEKHAR S, et al. Coded PDM-OFDM transmission with shaped 256-iterative-polar-modulation achieving 11. 15-b/s/Hz intrachannel spectral efficiency and 800-km reach [J]. J. Lightwave Technol, 2013, 31 (4):538-545.

[260] ZHUGE Q, MORSYOSMAN M, XU X, et al. Pilot-aided carrier phase recovery for M-QAM using superscalar parallelization based PLL[J]. Opt. Express, 2012, 20(17):19599-19609.

[261] DJORDJEVIC I B, BATSHON H G, XU L, et al. Coded polarization multiplexed iterative polar modulation (PM-IPM) for beyond 400 Gb/s serial optical transmission[R]. Optical Fiber Communication Conf. (OFC)/Nat. Fiber Optic Engineers Conf. (NFOEC), 2010.

[262] AGRELL M K A E. Four-dimensional optimized constellations for coherent optical transmission systems[R]. European Conf. Optical Communica tion (ECOC), 2010.

[263] ZHANG H, BATSHON H G, FOURSA D, et al. 30. 58 Tb/s transmission over 7,230 km using PDM half 4D-16QAM coded modulation with 6. 1 b/s/Hz spectral efficiency[R]. Optical Fiber Communication Conf, 2013.

[264] LIU C, PAN J, DETWILER T, et al. Super receiver design for superchannel coherent optical systems [R]. SPIE 8284, Next-Generation Optical Communication: Components, Sub Systems, and Systems, 2012.

[265] HO K. Subband equaliser for chromatic dispersion of optical fibre[J]. Electron. Lett, 2009, 45(24):1224-1226.

[266] NAZARATHY A T A M. Filter-bank-based efficient transmission of reduced-guard-interval OFDM[J]. Opt. Express, 2011, 19(26):370-384.

[267] RAHN J, CROUSSORE K, GOLDFARB G, et al. Transmission improvement through dual carrier FEC gain sharing [R]. Optical Fiber Communication Conf, 2013.

[268] TOYADA K, et al. Marked performance improvement of 256 QAM transmission

using a difital back-propagation method［J］. Optics Express，2012，20：19815-19821.

［269］ BEPPU S，KASAI K，et al. 2048 QAM（66 Gbit/s）single-carrier coherent optical transmission over 150km with a potential SE of 15. 3 bit/s/Hz［J］. Optics Express，2015，23：4960-4969.

［270］ QIAN D，et al. High Capacity/Spectral Efficiency 101. 7-Tb/s WDM Transmission Using PDM-128QAM-OFDM Over 165-km SSMF Within C- and L-Bands［J］. Journal of lightwave technology，2012，30：1540-1548.

［271］ SHIEH W，WANG Q，et al. 107Gb/s coherent optical OFDM transmission over 1000-km SSMF fiber using orthogonal band multiplexing［J］. Opt. Express，2008，16：6378-6386.

［272］ HILLERKUSS D，et al. 26Tbit s-1 line-rate super-channel transmission utilizing all-optical fast Fourier transform processing［J］. Nature，2011，5：364-371.

［273］ RANDEL S，et al. Study of Multicarrier offset-QAM for spectrally efficient coherent optical communications［R］. ECOC，2011.

［274］ ZHAO J，ELLIS A. Offset-QAM based coherent WDM for spectral efficiency enhancement［J］. Opt. Express，2011，19：14617-14631.

［275］ RANDEL S，et al. Generation of 224-Gb/s Multicarrier offset-QAM using a real-time transmitter［R］. OFC，2012.

［276］ FICKERS J，et al. Multicarrier offset-QAM modulations for coherent optical communication systems［R］. OFC，2014.

［277］ AMINI P，KEMPTER R，FARHANGBOROUJRNY A B. A comparison of alternative filterbank multicarrier methods for cognitive radio systems［R］. Software Defined Radio Technical Conference，2006.

［278］ LI Z，et al. Experimental demonstration of 110-Gb/s unsynchronized band-multiplexed superchannel coherent optical OFDM/OQAM system［J］. Opt. Express，2013，21：21924-21931.

［279］ MINN H，ZENG M，BHARGAVA A V K. On timing offset estimation for OFDM systems［J］. IEEE Commun. Letters，2000，4(7)：242-244.

［280］ PITTALA F，HAUSKE F N，YE A Y. Fast and robust CD and DGD estimation based on data-aided channel estimation［R］. 13th Internat. Conf. on Transparent Opt. Netw. (ICTON)，2011.

［281］ LINDE U R A L. Some unique properties and applications of perfect squares minimum phase CAZAC sequences［R］. Proc. South African Symp. Comm. Signal Process. (COMSIG)，1992.

[282] KUSCHNEROV M, CHOUAYAKH M, AL K P E. Data-aided versus blind single-carrier coherent receivers[J]. IEEE Photonics J, 2010, 2(3):387-403.

[283] OBARA T, TAKEDA K, ADACHI A F. Performance analysis of single-carrier overlap FDE[R]. IEEE Internat. Conf. on Commun., 2010.

[284] SPINNLER B. Equalizer design and complexity for digital coherent receivers[J]. J. Selected Topics in Quantum Electronics, 2010, 16(5):1180-1192.

[285] ZHENG Z, WANG D, ZHU X, et al. Orthogonal-band-multiplexed offset-QAM optical superchannel generation and coherent detection[J]. Scientific Reports, 2015, 5(17891):1-10.

[286] SERENA P. Nonlinear signalnoise interaction in optical links with nonlinear equalization [J]. J. Lightwave Technology, 2016, 34:1476-1483.

[287] IRUKULAPATI N V, WYMEERSCH H, JOHANNISSON P, et al. Stochastic digital backpropagation[J]. IEEE Transaction on Communi cation, 2014, 62: 3956-3968.

[288] ELLIS D R A A D. Impact of signal-ASE four-wave mixingon the effectiveness of digital back-propagation in 112 Gb/s PM-QPSKsystems[J]. Optics Express, 2011, 19:3449-3454.

[289] KAHN E I A J M. Compensation of dispersion and nonlinear impairments using digital backpropagation[J]. J. Lightwave Technology, 2008, 26:3416-3425.

[290] TEMPRANA E, MYSLIVETS E, KUO B P, et al. Overcoming Kerr-induced capacity limit in optical fibertransmission[J]. Science, 2015, 348:1445-1448.

[291] WINZER R E A P J. Fibre nonlinearities in electronically pre-distorted transmission [R]. European Conference on Optical Communication (ECOC), 2005.

[292] GAO G, CHEN X, SHIEH A W. Influence of PMD on fiber nonlinearitycompensation using digital back propagation[J]. Optics Express, 2012, 20:14406-14418.

[293] E. MERON, M. FEDER, M., AND M. SHTAIF, On the achievable communica tion rates of generalized soliton transmission systems, arXiv preprint, 2012, arXiv:1207.0297 .

[294] KSCHISCHANG M I Y A F R. Information transmission using the nonlinear Fourier transform, Part I: Mathematical tools [J]. IEEE Transaction on Information Theory, 2014, 60:4312-4328.

[295] LE S T, PRILEPSKY J E, TURITSYN A S K. Nonlinear inverse synthesis for high spectral efficiency transmission in optical fibers[J]. Optics Express, 2014, 22:26720-26741.

[296] POOR S W A H V. Fast numerical nonlinear Fourier transforms[J]. IEEE

Transactions on Information Theory, 2015, 61:6957-6974.

[297] BÜLOW H. Experimental demonstration of optical signal detection using nonlinear Fourier transform[J]. J. Lightwave Technology, 2015, 33:1433-1439.

[298] DONG Z, HARI S, GUI T, et al. Nonlinear frequency division multiplexed transmissions based on NFT[J]. IEEE Photonics Technology Letters, 2015, 27: 1621-1623.

[299] GAO Y, ZHANG F, DOU L, et al. Digital post-equalization of intrachannel nonlinearities in coherent DQPSK transmission systems[R]. Coherent Optical Technologies and Applications (COTA), 2008.

[300] KILLEY R, WATTS P, MIKHAILOV V, et al. Electronic dispersion compensation by signal predistortion using digital processing and a dual-drive Mach-zehnder modulator [J]. IEEE Photon. Technol. Lett, 2005, 17(3):714-716.

[301] SECONDINI M, FORESTIERI E. On XPM mitigation in WDM fiber-optic systems[J]. IEEE Photon. Technol. Letts, 2014, 26(22):2252-2255.

[302] DAR R, FEDER M, SHTAIF A M A M. Inter-channel nonlinear interference noise in WDM systems: modeling and mitigation[J]. J. Lightw. Technol, 2015, 33 (5): 1044-1053.

[303] DAR R, GELLER O, FEDER M, et al. Mitigation of inter-channel nonlinear interference in WDM systems [R]. European Conference on Optical Communication (ECOC), 2014.

[304] YANKOV M P, FEHENBERGER T, BARLETTA L, et al. Low complexity tracking of laser and nonlinear phase noise in WDM optical fiber systems[J]. J. Lightwave Technology, 2015, 33:4975-4984.

[305] PAN C, H. BÜLOW, IDLER W, et al. Optical nonlinear phase noise compensation for 9 32-Gbaud PolDM 16 QAM transmission using a code-aided Expectation-Maximization algorithm[J]. J. Lightwave Technology, 2015, 33:3679-3686.

[306] SCHMIDTLANGHORST C, ELSCHNER R, FREY F, et al. Experimental analysis of nonlinear interference noise in heterogeneous flex-grid WDM transmission[R]. European Conference on Optical Communication (ECOC), 2015.

[307] LI L, TAO Z, LIU L, et al. Nonlinear polarization-crosstalk canceller for dual-polarization digital coherent receivers[R]. Optical Fiber Communication Conference (OFC), 2010.

[308] GHAZISAEIDI A, SALSI M, RENAUDIER J, et al. Performance analysis of decision-aided nonlinear cross polarization mitigation algorithm[R]. European Conference on Optical Communication (ECOC), 2012.

[309] DJORDJEVIC I B, MINKOV L L, XU L, et al. Suppression of fiber nonlinearities and PMD in coded-modulation schemes with coherent detection by using turbo equalization[J]. J. Optical Communications and Networking, 2009, 1:555-564.

[310] DJORDJEVIC I B, ARABACI M, MINKOV A L L. Next generation FEC for high-capacity communication in optical transport networks[J]. J. Lightwave Technology, 2009, 27:3518-3530.

[311] ARLUNNO V, CABALLERO A, BORKOWSKI R, et al. Turbo equalization for digital coherent receivers[J]. J. Lightwave Technology, 2014, 32:275-284.

[312] DAR R, SHTAIF M, FEDER A M. New bounds on the capacity of the nonlinear fiber-optic channel[J]. Optics Letters, 2014, 39:398-401.

[313] FORESTIERI M S A E. Analytical fiber-optic channel model in the presence of cross-phase modulation[J]. IEEE Photon. Technol. Letts, 2012, 24(22): 2016-2019.

[314] DAR R, FEDER M, MECOZZI A, et al. Time varying ISI model for nonlinear interference noise[R]. Optical Fiber Communication Conference (OFC), 2014.

[315] CAI Y, FOURSA D, DAVIDSON C, et al. Experimental demonstration of coherent MAP detection for nonlinearity mitigation in long-haul transmissions[R]. Optical Fiber Communication Conference (OFC), 2010.

[316] MARSELLA D, SECONDINI M, FORESTIERI A E. Maximum likelihood sequence detection for mitigating nonlinear effects[J]. J. Lightwave Tech nology, 2014, 32:908-916.

[317] BOSCO G, CANO I, POGGIOLINI P, et al. MLSE-based DQPSK transmission in 43 Gb/s DWDM long-haul dispersion-managed optical systems[J]. J. Lightwave Technology, 2010, 28:1573-1581.

[318] STOJANOVIC N, HUANG Y, HAUSKE F, et al. MLSE-based nonlinearity mitigation for WDM 112 Gbit/s PDM-QPSK transmissions with digital coherent receiver[R]. Optical Fiber Communication Conference, 2011.

[319] DAR R, FEDER M, MECOZZI A, et al. On shaping gain in the nonlinear fiber-optic channel[J]. IEEE International Symposium on Information Theory (ISIT), 2014:2794-2798.

[320] GELLER O, DAR R, FEDER M, et al. A shaping algorithm for mitigating inter-channel nonlinear phase-noise in nonlinear fiber systems[J]. J. Lightwave Technology, 2016, 34:3884-3889.

[321] GELLER O, DAR R, FEDER M, et al. A shaping algorithm for mitigating inter-channel nonlinear phase-noise in nonlinear fiber systems[J]. J. Lightwave

Technology, 2016, 34:3884-3889.

[322] REIMER M, GHARAN S O, SHINER A D, et al. Performance optimized modulation formats in 4 and 8 dimensions [R]. Signal Processing in Photonic Communications, 2015.

[323] KOJIMA K, KOIKEAKINO T, MILLAR D, et al. Design of constant modulus modulation considering envelopes[R]. Optical Fiber Communication Conference (OFC), 2015.

[324] LIU X, CHRAPLYVY A, WINZER P, et al. Phase-conjugated twin waves for communication beyond the Kerr nonlinearity limit[J]. Nature Photonics, 2013, 7:560-568.

[325] LIU X. Twin-wave-based optical transmission with enhanced linear and nonlinear performances[J]. J. Lightw. Technol, 2015, 33(5):1037-1043.

[326] YU Y, et al. Modified phase-conjugate twin wave schemes for spectral efficiency enhancement[R]. ECOC, 2015.

[327] LE S, MCCARTHY M, SUIBHNE N, et al. Phase-conjugated Pilots for fibre Nonlinearity compensation in CO-OFDM transmission[R]. ECOC, 2014.

[328] PENG W, MORITA T T A I. Digital nonlinear noise cancellation approach for long-haul optical transmission systems[R]. ECOC, 2013.

[329] ELIASSON H, JOHANNISSON P, ANDREKSON M K A P. Mitigation of nonlinearities using conjugate data repetition[J]. J. Lightw. Technol, 2015, 23 (3):2392-2402.

[330] LIU X, CHANDRASEKHAR S, WINZER P J, et al. Fiber-nonlinearity-tolerant superchannel transmission via nonlinear noise squeezing and generalized phase-conjugated twin waves[J]. J. Lightwave Technology, 2014, 32:766-775.

[331] ELIASSON H, JOHANNISSON P, KARLSSON M, et al. Miti gation of nonlinearities using conjugate data repetition[J]. Optics Express, 2015, 23:2392-2402.

[332] YI X, X, CHEN, et al. Digital coherent superposition of optical OFDM subcarrier pairs with Hermitian symmetry for phase noise mitigation[J]. Optics Express, 2014, 22:13454-13459.

[333] LE S T, MCCARTHY M E, MACSUIBHNE N, et al. Demonstration of phase-conjugated subcarrier coding for fiber nonlinearity compensa tion in CO-OFDM transmission[J]. J. Lightwave Technology, 2015, 33:2206-2212.

[334] YAN W, TAO Z, DOU L, et al. Low complexity digital perturbation back-propagation[R]. European Conference on Optical Communication (ECOC), 2011.

[335] ESSIAMBRE A G A R. Calculation of coefficients of perturbative nonlinear pre-

compensation forNyquis pulses ［R］. European Conference on Optical Communication（ECOC），2014.

[336] GUIOMAR F P, REIS J D, TEIXEIRA A L, et al. Mitigation of intra-channel nonlinearities using a frequency-domain Volterra series equalizer［J］. Optics Express，2012，20：1360-1369.

[337] TAO Z, DOU L, YAN W, et al. Multiplier-free intrachannel nonlinearity compensating algorithm operating at symbol rate[J]. J. Lightw. Technol，2011，29(17)：2570-2576.

[338] GAO Y, CARTLEDGE J, KARAR A, et al. Reducing the complexity of perturbation based nonlinearity pre-compensation using symmetric EDC and pulse shaping[J]. Opt. Express，2014，22(2)：1209-1219.

[339] LIANG X, KUMAR S. A multi-stage perturbation technique for intra-channel nonlinearity compensation[R]. OFC，2015.

[340] GAO Y, ZHANG F, DOU L, et al. Intra-channel nonlinearities mitigation in pseudo-linear coherent QPSK transmission systems via nonlinear electrical equalizer[J]. Opt. Comm，2009：2421-2425.

[341] LI X, CHEN X, GOLDFARB G, et al. Electronic post-compensation of WDM transmission impairments using coherent detection and digital signal processing [J]. Optics Express，2008，16：880-888.

[342] MATEO E F, ZHOU L, LI A G. Impact of XPM and FWM on the digital implementation of impairment compensation for WDM transmission using backward propagation[J]. Optics Express，2008，16：16124-16137.

[343] MILLAR D S, MAKOVEJIS S, BEHRENS C, et al. Mitigation of fiber nonlinearity using a digital coherent receiver[J]. J. Selected Topics in Quantum Electronics，2010，16：1217-1226.

[344] RAFIQUE D, MUSSOLIN M, FORZATI M, et al. Compensation of intra-channel nonlinear fibre impairments using simplified digital back-propagation algorithm[J]. Optics Express，2011，19：9453-9460.

[345] LOWERY L B D A A J. Improved single channel backpropagation for intra-channel fiber nonlinearity compensation in long-haul optical communication systems[J]. Optics Express，2010，18：17075-17088.

[346] SECONDINI M, MARSELLA D, FORESTIERI A E. Enhanced split-step Fourier method for digital backpropagation ［R］. European Conference on Optical Communication（ECOC），2014.

[347] KUMAR X L A S. Multi-stage perturbation theory for compen sating intra-channel nonlinear impairments in fiber-optic links[J]. Optics Express，2014，22：

9733-29745.

[348] LIGA G, XU T, ALVARADO A, et al. On the performance of multichannel digital backpropagation in high-capacity long-haul optical transmission[J]. Optics Express, 2014, 22:30053-30062.

[349] CHARLET G, SALSI M, TRAN P, et al. 72 × 100Gb/s transmission over transoceanic distance, using large effective area fiber, hybrid Raman Erbium amplification and coherent detection [R]. Optical Fiber Communi cation Conference (OFC), 2009.

[350] SAVORY S J, GAVIOLI G, TORRENGO E, et al. Impact of interchannel nonlinearities on a split-step intrachannel nonlinear equalizer[J]. IEEE Photonics Technology Letters, 2010, 22:673-675.

[351] CAI J, ZHANG H, BATSHON H G, et al. 200 Gb/s and dual wavelength 400 Gb/s transmission over transpacific distance at 6.0 b/s/Hz spectral efficiency[J]. J. Lightwave Technology, 2014, 32:832-839.

[352] LIN C, CHANDRASEKHAR S, WINZER A P J. Experimental study of the limits of digital nonlinearity compensation in DWDM systems[R]. Optical Fiber Communication Conference (OFC), 2015.

[353] XIA C, SCHAIRER W, STRIEGLER A, et al. Impact of channel count and PMD on polarization multiplexed QPSK transmission [J]. J. Lightwave Technology, 2011, 29:3223-3229.

[354] DAR R, CHANDRASEKHAR S, GNAUCK A H, et al. Impact of WDM channel correlations on nonlin ear transmission[R]. European Conference on Optical Communication (ECOC), 2016.

[355] TANIMURA T, M. N̈OLLE, FISCHER J K, et al. Analytical results on back propagation nonlinear compensator with coherent detection[J]. Optics Express, 2012, 20:28779-28785.

[356] POGGIOLINI P, NESPOLA A, JIANG Y, et al. Analytical and experimental results on system maximum reach increase through symbol rate optimization[J]. J. Lightwave Technology, 2016, 34:1872-1885.

[357] SECONDINI M, PRATI E F A G. Achievable information rate in nonlinear WDM fiber-optic systems with arbitrary modulation formats and dispersion maps[J]. J. Lightw. Technol, 2013, 31(23):3839-3852.

[358] MECOZZI A, ESSIAMBRE R. Nonlinear Shannon limit in pseudolinear coherent systems[J]. J. Lightw. Technol, 2012, 30(12):2011-2024.

[359] DAR R, FEDER M, SHTAIF A M A M. Properties of nonlinear noise in long,

dispersion-uncompensated fiber links [J]. Opt. express, 2013, 21 (22): 25685-25699.

[360] GOLANI O, DAR R, FEDER M, et al. Modeling the bit-error-rate performance of nonlinear fiber-optic systems [J]. J. Light wave Technology, 2016, 34: 3482-3489.

[361] HAYKIN S. Adaptive filter theory[M]. Pearson Education, 2005.

[362] PEPPER D, YARIV A. Compensation for phase distortions in nonlinear media by phase conjugation[J]. Opt. Letters, 1980, 5(2):59-60.

[363] GNAUCK A, JOPSON R. 10-Gb/s 360-km transmission over dispersive fiber using midsystem spectral inversion[J]. IEEE Photon. Technol. Letts, 1993, 5(6):663-666.

[364] MECOZZI A, CLAUSEN C B, SHTAIF M, et al. Cancellation of timing and amplitude jitter in symmetric links using highly dispersed pulses [J]. IEEE Photonics Technology Letters, 2001, 13:445-447.

[365] LIU X, CHANDRASEKHAR S, WINZER P J, et al. 406. 6-Gb/s PDM-BPSK superchannel transmission over 12, 800-km TWRS fiber via nonlinear noise squeezing[R]. Optical Fiber Communication Conference (OFC), 2013.

[366] CHANDRASEKHAR X L A S. Experimental study of the impact of dispersion pre-compensation on PDM-QPSK and PDM-16QAM perfor mance in inhomogeneous fiber transmission [R]. European Conference on Optical Communication (ECOC), 2013.

[367] BONONI A, ROSSI N, SERENA A P. Performance dependence on channel baud-rate of coherent single-carrier WDM systems [R]. European Conference on Optical Communication (ECOC), 2013.

[368] QIU M, ZHUGE Q, CHAGNON M, et al. Digital subcarrier multiplexing for fiber nonlinearity mitigation in coherent optical communication systems [J]. Optics Express, 2014, 22:18770-18777.

[369] TANG Y, SHIEH W, KRONGOLD A B S. DFT-spread OFDM for fiber nonlinearity mitigation[J]. IEEE Photonics Technology Letters, 2010, 22:1250-1252.

[370] TANG W S A Y. Ultrahigh-speed signal transmission over non linear and dispersive fiber optic channel: the multicarrier advantage[J]. IEEE Photonics Journal, 2010, 2:276-283.

[371] POGGIOLINI P, JIANG Y, CARENA A, et al. Analytical results on system maximum reach increase through symbol rate optimization[R]. Optical Fiber Communication Conference (OFC), 2015.

[372] MARSELLA D, SECONDINI M, AGRELL E, et al. A simple strategy for mitigating XPM in nonlinear WDM optical systems [R]. Optical Fiber Communication Conference (OFC), 2015.

[373] NESPOLA A, BERTIGNONO L, BOSCO G, et al. Experimental demonstration of fiber nonlinearity mitigation in a WDM multi-subcarrier coherent optical system [R]. European Conference on Optical Communication (ECOC), 2015.

[374] CARBO A, RENAUDIER J, TRAN P, et al. Experimental analysis of nonlinear tolerance dependency of multicarrier modulations versus number of WDM channels[R]. Optical Fiber Communication Conference (OFC), 2016.

[375] B. CH·ATELAIN, LAPERLE C, KRAUSE D, et al. SPM-tolerant pulse shaping for 40-and 100-Gb/s dual-polarization QPSK systems[J]. IEEE Photonics Technology Letters, 2010, 22:1641-1643.

[376] KARAR A S, GAO Y, CARTLEDGE J C, et al. Mitigating intra-channel nonlinearity in coherent optical communications using ISI-free polynomial pulses[R]. Optical Fiber Communication Conference (OFC), 2014.

[377] YOSHIDA T, SUGIHARA T, ISHIDA K, et al. Spectrally-efficient dual phase-conjugate twin waves with orthogonally multiplexed quadra ture pulse-shaped signals[R]. Optical Fiber Communication Conference (OFC), 2014.

[378] FISCHER R F H. Precoding and Signal Shaping for Digital Transmission[M]. New York, USA:Wiley, 2005 ;ch. 4.

[379] KSCHISCHANG B P S A F R. A pragmatic coded modulation scheme for high-spectral-efficiency fiber-optic communications [J]. J. Lightwave Technology, 2012, 30:2047-2053.

[380] BEYGI L, AGRELL E, KAHN J M, et al. Rate-adaptive coded modulation for fiber-optic communications[J]. J. Lightwave Technology, 2014, 32:333-343.

[381] YANKOV M, ZIBAR D, LARSEN K, et al. Constellation shaping for fiber-optic channels with QAM and high spectral efficiency[J]. IEEE Photonics Technology Letters, 2014, 26:2407-2410.

[382] FEHENBERGER T, ALVARADO A, BOCHERER G, et al. On Probabilistic shaping of quadrature amplitude modulation for the nonlinear fiber channel[J]. J. Lightwave Technology, 2016, 34:5063-5073.

[383] KARLSSON E A A M. Power-efficient modulation formats in coherent transmission systems[J]. J. Lightwave Technology, 2009, 27:5115-5126.

[384] AGRELL M K A E. Which is the most power-efficient modula tion format in optical links? [J]. Optics Express, 2009, 17:10814-10819.

[385] NESPOLA A, HUCHARD M, BOSCO G, et al. Experimental validation of the EGN-model in uncompensated optical links[R]. Optical Fiber Communication Conference (OFC), 2015.

[386] ERIKSSON T A, FEHENBERGER T, ANDREKSON P A, et al. Impact of 4D channel distribution on the achievable rates in coherent optical communication experiments[J]. J. Lightwave Technology, 2016, 34:2256-2266.

[387] VASSILIEVA O, YAMAUCHI T, ODA S, et al. Flexible grid network optimization for maximum spectral efficiency and reach[R]. European Conference on Optical Communication (ECOC), 2015.

[388] ZHOU X. An improved feed-forward carrier recovery algorithm for coherent receiver with M-QAM modulation format[J]. IEEE Photon. Technol. Letts, 2010, 22(14): 1051-1053.

[389] CHANG D, YU F, XIAO Z, et al. FPGA Verification of a Single QC-LDPC Code for 100 Gb/s Optical Systems without Error Floor down to BER of 10-15[C]. // OFC, 2011:OTuN2.

[390] IA Z, YU J, CHIEN H, et al. Field Transmission of 100 G and Beyond: Multiple Baud Rates and Mixed Line Rates Using Nyquist-WDM Technology[J]. J. Lightw. Technol, 2012, 30(24):3793-3804.

[391] COUTTS S, CUOMO K, MCHARG J, et al. Distributed coherent aperture measurements for next generation BMD radar[R]. IEEE Workshop on Sensor Array and Multichannel Processing, 2006.

[392] GAO H, CAO Z, LU Y, et al. Development of distributed aperture coherence - synthetic radar technology[R]. IET International Radar Conference, 2013.

[393] DEAETT M, NAIMARK A L. Bandwidth assignment for target tracking in coherent distributed aperture radar networks[R]. IEEE International Symposium on Phased Array Systems and Technology, 2010.

[394] KONG S, LEE S, KIM C, et al. Wireless cooperative synchronization of coherent UWB MIMO radar[J]. IEEE Transactions on Microwave Theory and Techniques, 2014, 62:154-165.

[395] PLUMB J, LARSON K, WHITE J, et al. Absolute calibration of a geodetic time transfer system[J]. IEEE Transactions on Ultrasonics, Ferroelectrics, and Frequency Control, 2005, 52:1904-1911.

[396] KIRCHNER D. Two-way time transfer via communication satellites[J]. Proceedings of the IEEE, 1991, 79:983-990.

[397] LI C, CHEN X, LIU A Z. Over-the-horizon time and frequency synchronization

for maneuverable radar system based on troposcatter[R]. IEEE International Conference on Signal and Image Processing, 2016.

[398] LIU C, JIANG T, CHEN M, et al. GVD-insensitive stable radio frequency phase dissemination for arbitrary-access loop link[J]. Optics Express, 2016, 24(20): 23376-23382.

[399] ZHAI W, HUANG S, GAO X, et al. Adaptive RF signal stability distribution over remote optical fiber transfer based on photonic phase shifter[R]. European Conference and Exhibition on Optical Communications , 2016.

[400] YANG X, YIN P, ZENG A T. Time and phase synchronization for wideband distributed coherent aperture radar [R]. IET International Radar Conference, 2013.

[401] S. PAN, AND Y. ZHANG. Tunable and wideband microwave photonic phase shifter based on a single-sideband polarization modulator and a polarizer[J]. Optics Letters, 2012, 37: 4483-4485.

[402] PENG Z, WEN A, GAO Y, et al. A tunable and wideband microwave photonic phase shifter based on dual-polarization modulator[J]. Optics Communications, 2017, 382: 377-380.

[403] JIANG P, YUE Y, GAN H, et al. Commissioning progress of the FAST[J]. Science China (Physics, Mechanice & Astronomy), 2019, 62(5): 3-24.

[404] LI D, DUAN R. FAST A+: A Cost-Effective Plan for Expanding FAST[R]. IEEE international conference on microwaves, antennas, communications and electronic systems, 2019.

[405] FOREMAN S, HOLMAN K, HUDSON D, et al. Remote transfer of ultrastable frequency references via fiber networks[J]. Review of Scientific Instruments, 2007, 78(2).

[406] CHEN X, ZHANG J, LU J, et al. Feed-forward digital phase compensation for long-distance precise frequency dissemination via fiber network [J]. Optics Letters, 2015, 40(3): 371-374.

[407] LIN J, WANG Z, LEI Z, et al. Michelson interferometer based phase demodulation for stable time transfer over 1556 km fiber links[J]. Optics Express, 2021, 29(10).

[408] ZHU C, TRAN A, DO C, et al. Digital Signal Processing for Training-Aided Coherent Optical Single-carrier Frequency-Domain Equalization Systems[J]. J. of Lightwave Technology, 2014, 32(24).

[409] ZHENG Z, FREY F, Berenguer P W, et al. Low-complexity equalization scheme for multicarrier offset-QAM systems [J]. IEEE Photon. Tech. Lett, 2017,

29(23):2075-2078.

[410] ZHOU X. Efficient Clock and Carrier Recovery Algorithms for Single-Carrier Coherent Optical Systems[J]. IEEE Signal Processing Magazine，2014，31(2)：35-45.

[411] ZHOU X，CHEN X. Parallel implementation of all-digital timing recovery for high-speed and real-time optical coherent receivers［J］. Optics Express，2011，19(10)：9282-9295.